三菱 FX3U PLC 编程及应用

（视频微课版）

吴文灵 编著

清华大学出版社

北京

内 容 简 介

本书由浅入深，系统讲解了三菱 PLC 的基础知识、综合应用案例设计流程及设计方法，让读者能够快速、独立自主地完成 PLC 项目的设计与实践。

本书共分为 7 章：第 1 章介绍 PLC 的应用及其基础知识，让读者对 PLC 项目操作流程有一个整体的概念；第 2 章介绍 PLC 编程软件安装及其使用，以及常见的 PLC 仿真软件并配套案例演示；第 3 章讲解 PLC 必备软元件知识，包括输入、输出、辅助继电器、定时器等，并搭配了 PLC 必备入门案例演示；第 4 章主要讲解 PLC 编程体系，特别是指令系统及其在 PLC 编程中的表现形式；第 5 章主要讲解 PLC 高效编程方式——SFC 编程；第 6 章介绍 MCGS 触摸屏与 PLC 控制的实施步骤；第 7 章介绍机电一体化设备常用元件及变频器的使用方法，进一步与现代工业结合。

本书适合维修电工考证人员及 PLC 自动化爱好者阅读，尤其适用于需要快速学习和上手 PLC 实战工作的读者。

图书在版编目(CIP)数据

三菱 FX3U PLC 编程及应用：视频微课版/吴文灵编著.—北京：清华大学出版社，2021.6
ISBN 978-7-302-56744-8

Ⅰ. ①三… Ⅱ. ①吴… Ⅲ. ①PLC 技术—程序设计 Ⅳ. ①TM571.61

中国版本图书馆 CIP 数据核字(2020)第 210754 号

责任编辑：赵佳霓
封面设计：郭　媛
责任校对：时翠兰
责任印制：宋　林

出版发行：清华大学出版社
　　　　网　　　址：http://www.tup.com.cn, http://www.wqbook.com
　　　　地　　　址：北京清华大学学研大厦 A 座　　　　　　邮　　编：100084
　　　　社 总 机：010-62770175　　　　　　　　　　　　邮　　购：010-83470235
　　　　投稿与读者服务：010-62776969, c-service@tup.tsinghua.edu.cn
　　　　质量反馈：010-62772015, zhiliang@tup.tsinghua.edu.cn
　　　　课件下载：http://www.tup.com.cn, 010-83470236
印 装 者：三河市铭诚印务有限公司
经　　　销：全国新华书店
开　　　本：186mm×240mm　　印　张：14.25　　　　字　　数：321 千字
版　　　次：2021 年 8 月第 1 版　　　　　　　　　　　印　　次：2021 年 8 月第 1 次印刷
印　　　数：1～1500
定　　　价：59.00 元

产品编号：086687-01

前 言
PREFACE

本书为维修电工及自动化爱好者提供了真实的 PLC 综合应用案例设计流程与设计方法及案例解说，让读者能够直接独立地完成 PLC 项目的设计与实践。在 PLC 自动化系统开发过程中，能够结合触摸屏、变频器及常见的机电一体化设备元件，将事半功倍，极大地提高自动化效率。

本书提供了零基础学习三菱 PLC 的学习方案，全书共分为 7 章：第 1 章介绍 PLC 的应用及其基础知识，让读者能够真正了解 PLC 在实际生活中的应用以及实际的 PLC 项目流程，对 PLC 项目操作流程有一个整体的概念；第 2 章介绍 PLC 编程软件的安装及其使用，同时讲解常见的 PLC 仿真软件并配套案例演示；第 3 章讲解 PLC 必备软元件知识，包括输入、输出、辅助继电器、定时器等，同时搭配了 PLC 必备入门案例演示及其视频讲解；第 4 章主要讲解 PLC 编程体系，特别是指令系统及其在 PLC 编程中的表现形式；第 5 章主要讲解 PLC 的高效编程方式 SFC 编程，列举了常用 SFC 控制案例；第 6 章介绍 MCGS 触摸屏与 PLC 控制的实施步骤及案例演示；第 7 章介绍机电一体化设备常用元件及变频器的使用方法，进一步与现代工业结合。本书还配套了对应的 PPT，在重点、难点处配有视频微课，读者可扫描封底二维码进行观看。本书通过大量的实例演示传授 PLC 知识，内容翔实，易学易懂。

本书适合电气或自动化专业，PLC 初学者阅读，有编程经验的读者也可以从中获取很多有用的知识，尤其适用于需要快速学习和上手实战工作的读者。

由于笔者技术水平与时间有限，书中难免有不妥之处，恳请读者批评指正。

吴文灵

2021 年 5 月

教学课件

配书视频

目 录
CONTENTS

第 1 章　PLC 及其软件使用 ……………………………………………… 1

1.1　PLC 简介与内部构成 …………………………………………… 1
　　1.1.1　PLC 是什么 ……………………………………………… 1
　　1.1.2　三菱 FX3U 系列 PLC 构成 …………………………… 9
　　1.1.3　三菱 FX3U 系列 PLC 型号 …………………………… 9
1.2　PLC 项目运作整体流程 ………………………………………… 10
1.3　PLC 与电工之间的关系 ………………………………………… 16
　　1.3.1　常见电气元件符号 ……………………………………… 16
　　1.3.2　常见电气元件在 PLC 中的表示 ……………………… 17

第 2 章　PLC 编程与仿真软件 ………………………………………… 19

2.1　PLC 编程软件 …………………………………………………… 19
　　2.1.1　获取 GX Developer ……………………………………… 19
　　2.1.2　三菱 PLC 编程软件 GX Developer 安装详细说明 …… 22
　　2.1.3　熟悉 GX Developer 编程界面 ………………………… 26
　　2.1.4　GX Developer 软件功能要点 …………………………… 31
2.2　PLC 仿真软件 …………………………………………………… 34
　　2.2.1　用 GX Developer＋GX Simulator 进行计算机仿真 …… 34
　　2.2.2　FXTRN-BEG-C 仿真软件 ……………………………… 39
2.3　元件放置、梯形图编辑及程序文件操作 ……………………… 41
　　2.3.1　梯形图编辑 ……………………………………………… 41
　　2.3.2　PLC 程序文件操作 ……………………………………… 43
2.4　FXTRN-BEG-C 仿真软件界面介绍 …………………………… 44
2.5　FXTRN-BEG-C 案例演示 ……………………………………… 71
　　2.5.1　点动控制 ………………………………………………… 71
　　2.5.2　自锁控制 ………………………………………………… 76
　　2.5.3　互锁控制 ………………………………………………… 77

第 3 章　PLC 软元件 ··· 79

　3.1　输入继电器 X ·· 81

　3.2　输出继电器 Y ·· 82

　3.3　辅助继电器 M ·· 83

　3.4　定时器 ·· 86

　3.5　计数器 ·· 88

　3.6　数据寄存器 ··· 91

　3.7　状态器 ·· 93

　3.8　变址寄存器 ··· 94

　3.9　案例演示 ·· 95

　3.10　案例演示答案 ··· 107

第 4 章　PLC 指令编程 ·· 119

　4.1　常用 PLC 指令 ··· 120

　　4.1.1　LD、LDI、OUT 指令 ·· 120

　　4.1.2　AND、ANI、OR、ORI 指令 ·· 121

　　4.1.3　LDP、LDF、ANDP、ANDF、ORP、ORF 指令 ································ 122

　　4.1.4　逻辑块指令 ANB、ORB ·· 124

　　4.1.5　SET、RST、ZRST 指令 ··· 125

　4.2　PLC 编程注意事项 ··· 127

第 5 章　SFC 编程 ·· 128

　5.1　步进控制与步进指令编程 ·· 128

　　5.1.1　步进控制 ··· 128

　　5.1.2　状态继电器 ·· 129

　5.2　步进顺控指令 ·· 130

　　5.2.1　STL、RET 指令 ·· 130

　　5.2.2　常用特殊辅助继电器 ·· 131

　　5.2.3　编程要点 ··· 131

　　5.2.4　SFC 在 GX Developer 中的表示方法 ·· 134

　　5.2.5　SFC 编程注意事项 ··· 138

　5.3　步进控制程序类型 ··· 140

　　5.3.1　单流程 ··· 140

　　5.3.2　选择分支 ··· 141

　　5.3.3　并行分支 ··· 142

　　　　5.3.4　循环结构 ··· 142
　　　　5.3.5　跳转结构 ··· 142
　　5.4　案例演示 ·· 144
　　5.5　案例演示答案 ·· 158

第 6 章　触摸屏控制 ··· 173
　　6.1　MCGS 与 PLC 的连接 ·· 173
　　6.2　写入与读取 PLC 数据 ·· 176
　　6.3　PLC 读写数据与 MCGS 界面动画连接 ····················· 178
　　6.4　案例演示 ·· 182

第 7 章　机电一体化 ··· 193
　　7.1　机电一体化设备 ·· 193
　　7.2　机械机构 ·· 197
　　　　7.2.1　送料机构 ··· 197
　　　　7.2.2　供料盘 ·· 198
　　　　7.2.3　机械手搬运机构 ·· 199
　　　　7.2.4　物料传送和分拣机构 ····································· 200
　　　　7.2.5　笔形气缸 ··· 200
　　　　7.2.6　节流阀 ·· 201
　　　　7.2.7　单线圈电磁阀(单向电控阀) ···························· 201
　　　　7.2.8　单作用气缸 ·· 201
　　　　7.2.9　双线圈电磁阀(双向电控阀) ···························· 202
　　　　7.2.10　双作用气缸 ··· 202
　　　　7.2.11　方形气缸 ·· 203
　　　　7.2.12　气动夹爪 ·· 203
　　　　7.2.13　气动元件动作分析 ······································ 203
　　　　7.2.14　旋转气缸(叶片式摆动气缸) ·························· 203
　　　　7.2.15　系统中气缸的控制与作用 ····························· 204
　　　　7.2.16　空气压缩机 ··· 204
　　　　7.2.17　气源处理组件(油水分离器) ························· 204
　　7.3　传感器连线 ··· 205
　　　　7.3.1　三线式传感器实际接法 ································· 206
　　　　7.3.2　电感传感器 ··· 206
　　　　7.3.3　光电传感器 ··· 208
　　　　7.3.4　漫反射式光电接近开关 ································· 208

　　7.3.5　光纤传感器 ·· 208

　　7.3.6　磁性开关 ·· 209

7.4　电气控制模块 ·· 210

　　7.4.1　电源模块 ·· 210

　　7.4.2　PLC 模块 ·· 211

　　7.4.3　按钮模块 ·· 211

　　7.4.4　警示灯的应用 ·· 212

7.5　变频器 ·· 212

　　7.5.1　变频器与 PLC 和按钮模块接线图 ································· 213

　　7.5.2　各模块电源连接 ·· 213

　　7.5.3　变频器操作面板说明 ·· 214

　　7.5.4　变频器参数设置方法 ·· 214

7.6　电动机模块 ·· 217

　　7.6.1　直流减速电动机 ·· 217

　　7.6.2　交流减速电动机 ·· 218

7.7　硬件调试 ·· 218

7.8　案例演示 ·· 219

第 1 章

PLC 及其软件使用

1.1 PLC 简介与内部构成

1.1.1 PLC 是什么

可编程控制器(Programmable Logic Controller,PLC)主要用于自动化领域的控制。其工作原理是通过传感器、开关等元件采集按钮状态、温度、湿度等信息,然后将信息传递给 PLC 处理器进行信息处理,再将处理结果反馈给继电器、灯、电磁阀等执行设备进行相对应的动作,类似于我们人体感官感受外界信息,然后大脑根据信息告诉我们应该如何去做。我们也可以将 PLC 理解为一个开关,PLC 输入端接收信号,PLC 处理信号,然后打开对应的输出端开关使对应的输出执行操作。PLC 运行原理如图 1-1 所示。

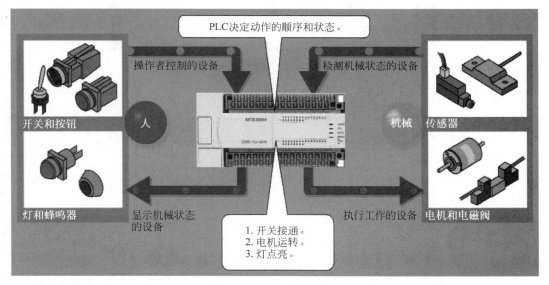

图 1-1　PLC 工作示意图

目前国内应用比较广泛的 PLC 有以下几款。

1. 三菱系列 PLC

部分三菱系列的 PLC 产品如图 1-2 和图 1-3 所示。

图 1-2　三菱 FX3U

图 1-3　三菱系列 PLC

2. 西门子系列 PLC

西门子 PLC 的主要产品有 S5 及 S7 系列，其中 S7 系列是近年来开发的、代替 S5 的新产品，常见的西门子 PLC 如图 1-4 所示。

3. 欧姆龙系列 PLC

欧姆龙公司的 PLC 产品大、中、小、微型规格齐全，常见的欧姆龙 PLC 如图 1-5 所示。

4. 国产 PLC

近年来，国产 PLC 的推广占据了部分小型 PLC 市场，主要控制小规模的设备系统，性价比高，易上手。包括但不限于永宏 PLC、安控 PLC、台安 PLC、丰炜 PLC、南大傲拓 PLC、信捷 PLC、黄石科威 PLC、正航 PLC。常见的国产 PLC 如图 1-6 所示。

PLC 的应用领域非常广泛，学好 PLC 可以大幅提升自动化水平，提高工作效率，节省劳动力，常见 PLC 的实际应用如图 1-7～图 1-17 所示。

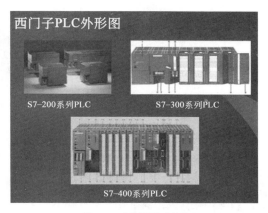

图 1-4　西门子 PLC

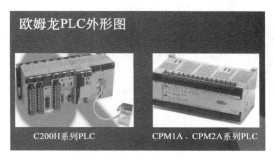

图 1-5　欧姆龙 PLC

图 1-6　国产 PLC

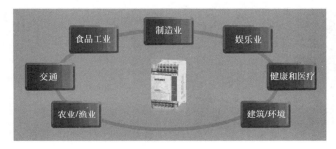

图 1-7　PLC 的应用

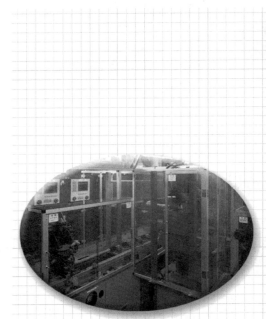

支持设备自动化和节能的PLC

- 自动装配机
- 传输带
- 注入/填充工具
- X-Y平台控制
- 机械手
- 自动测试装置

图 1-8　PLC 自动化应用

提供必要的保护和支持的PLC

- 医用灭菌装置
- 取放机械（药物用）
- 医用洗净装置
- 医用自动床
- 步行机
- 电池驱动轮椅
- 敬老院的沐浴设备
- 家用电梯

图 1-9　PLC 应用于保护和支持设备

食品工业中的PLC

● 自动售货机
● 比萨饼烤炉
● 切肉机
● 冷藏冰激凌用传输带
● 洗碗碟机
● 烧面包机
● 自动烤炉
● 制面机

图 1-10 用于食品工业中的 PLC

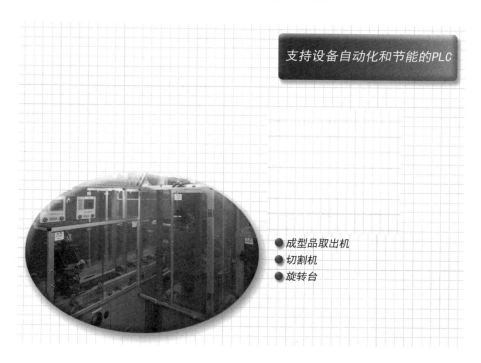

支持设备自动化和节能的PLC

● 成型品取出机
● 切割机
● 旋转台

图 1-11 支持设备自动化和节能的 PLC

在娱乐场合的PLC

- 滑雪场升降机门的控制
- 人造降雪机
- 体育场坐椅调整装置
- 霓虹灯广告牌
- 舞台装置（窗帘的上下）
- 在娱乐场的摇摆椅
- 发光喷泉控制
- 录像或CD租赁用自动分捡架
- 活动人偶的控制
- 抓玩偶游戏机

图 1-12　用于娱乐场合的 PLC

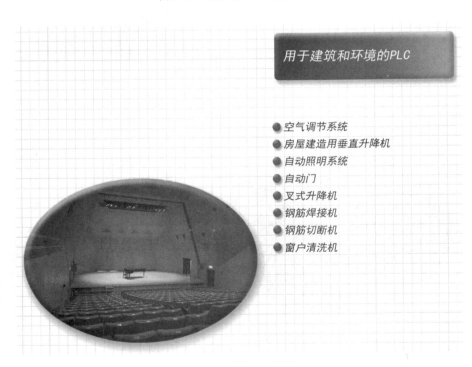

用于建筑和环境的PLC

- 空气调节系统
- 房屋建造用垂直升降机
- 自动照明系统
- 自动门
- 叉式升降机
- 钢筋焊接机
- 钢筋切断机
- 窗户清洗机

图 1-13　用于建筑和环境的 PLC

在农业和渔业中提
高生产力的PLC

● 自动给饵机
● 捡蛋机
● 窗户的打开/关闭控制
● 莴苣包装机
● 青椒装袋机
● 西瓜分捡机
● 苹果分捡机
● 牡蛎打开机

图 1-14   用于农渔业的 PLC

车载或相关设备中的PLC

● 洗车机
● 轮胎清洗机
● 垃圾车
● 列车坐椅调整装置
● 立体停车库
● 车站平台显示
● 停车场大门
● 车辆称重仪
● 小汽车搬运车辆
● 柴油机控制
● 道路建设用灯

图 1-15   车载或相关设备中的 PLC

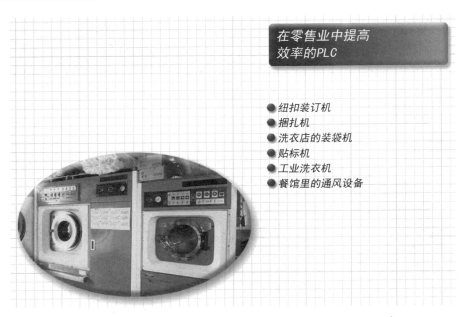

图 1-16　用于零售业中的 PLC

图 1-17　其他 PLC 应用

PLC 类型这么多，应用领域这么广泛，到底学哪种呢？其实这就像汽车驾驶证，我们并没有奥迪汽车驾驶证、宝马汽车驾驶证，我们要学的是一种编程的逻辑思维。这里我们以三菱 PLC 为例进行学习，以后学习其他品牌也会很快上手。

1.1.2　三菱 FX3U 系列 PLC 构成

三菱 FX3U 系列 PLC 面板构成如图 1-18 所示。

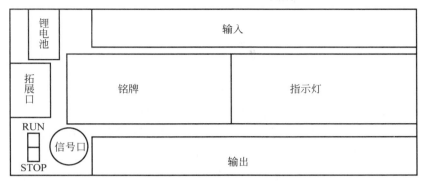

图 1-18　三菱 FX3U 系列面板

三菱 FX3U 系列 PLC 通常由以下部分组成。

（1）CPU：PLC 核心控件，对外界输入信号进行处理并将运算处理结果反馈到输出执行端。

（2）电源模块：FX3U 可采用 220V 交流电源进行供电，在平时使用时，PLC 供电电源要和输出电源隔离，防止电流脉动，PLC 自带的 DC 24V 电源可给外接传感器电源供电，锂电池作为备用电源。

（3）输入接口：可连接外部按钮、行程开关、传感器等元件并将信号传递给 PLC。

（4）输出接口：将 PLC 处理结果反馈给电机、交流接触器、指示灯等执行元件。

（5）扩展口：当 PLC 的 I/O 数量不足时，可以通过连接扩展模块来扩展点数，也可以通过扩展口连接 A/D 或 D/A 转换模块。

（6）通信接口：连接计算机与 PLC，连接触摸屏与 PLC。

1.1.3　三菱 FX3U 系列 PLC 型号

三菱 FX3U 系列型号的命名方式如图 1-19 所示。

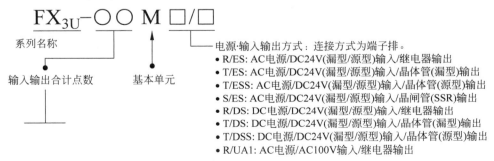

图 1-19　三菱 FX3U 系列命名

（1）输入输出合计点数：例如48，则代表该PLC有48个输入输出点，包括24个输入点和24个输出点。

（2）单元类型。

① M：基本单元；

② E：输入输出混合扩展单元及扩展模块；

③ EX：输入专用扩展模块；

④ Y：输出专用扩展模块。

（3）电源、输入输出方式——连接方式为端子排。

① R/ES：AC电源/DC24V（漏型/源型）输入/继电器输出；

② T/ES：AC电源/DC24V（漏型/源型）输入/晶体管（漏型）输出；

③ T/ESS：AC电源/DC24V（漏型/源型）输入/晶体管（源型）输出；

④ S/ES：AC电源/DC24V（漏型/源型）输入/晶闸管（SSR）输出；

⑤ R/DS：DC电源/DC24V（漏型/源型）输入/继电器输出；

⑥ T/DS：DC电源/DC24V（漏型/源型）输入/晶体管（漏型）输出；

⑦ T/DSS：DC电源/DC24V（漏型/源型）输入/晶体管（源型）输出；

⑧ R/UA1：AC电源/AC100V输入/继电器输出。

其中，输出方式有3种，R表示继电器输出；T表示晶体管输出；S表示晶闸管输出。

若电源、输入输出方式一项无符号，说明通指AC电源、DC输入、横排端子排；继电器输出2A/点；晶体管输出0.5A/点；晶闸管输出0.3A/点。在设计的时候，有些项目需要考虑是否会造成小马拉大车的情况，是否超出电流承受范围。

例如，FX3U-48MRD含义为FX3U系列，输入输出合计点数为48点，继电器输出，DC电源，DC输入的基本单元。

1.2　PLC项目运作整体流程

PLC项目的总体项目流程如图1-20所示。

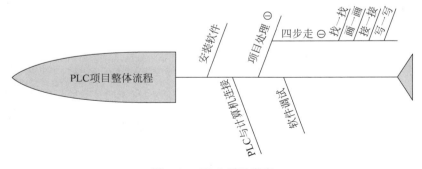

图1-20　PLC项目流程

（1）安装软件：选择对应品牌的软件，要注意软件对系统的要求，软件的分类和安装将在第 2 章中详细说明。

（2）PLC 与计算机连接：采用 RS232 或者 485 接线，在使用 RS232 通信线进行连接的时候由于 9 针串口频繁插拔容易导致接触不良，所以如果发现所有的设置都正常，但是 PLC 无法连接的时候，可以重点检查通信线。如果条件允许，建议采用 485 接线，不容易造成接触不良。

（3）项目处理分为四步。

① 找一找：找出输入输出；

② 画一画：画出 PLC 接线图；

③ 接一接：接出外部电路；

④ 写一写：写出控制程序。

具体的操作流程详见案例解析。

（4）项目调试：将 PLC 程序写入 PLC 之后上电调试，这个时候我们可以开启 PLC 的监视模式，同时配合 PLC 面板指示灯输入输出点的变化判断当前 PLC 程序是否符合项目要求。

接下来我们以点动控制的案例为例，讲解项目处理的四个步骤。项目要求：按下 SB1 按钮，电机正转；松开 SB1 按钮，此时电机停止运行，电机控制线路图如图 1-21 所示。

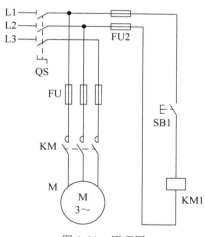

图 1-21　原理图

（1）找一找。

根据 PLC 项目要求，找出项目中的输入输出，并绘制 I/O 分配表，为了更好地检查之后的项目，简单项目我们统一规定：

① 输入部分：停止开关设置为 X1，对应元件 SB1 按钮，其他开关信号按照对应序号给地址，例如 SB2 按钮对应 X2，SB3 按钮对应 X3，SA1-1 按钮对应 X11，SA1-3 按钮对应 X13；

② 输出部分：COM1 与 Y0～Y3 配合，分配给电机控制，如未涉及正反转，可以将 Y0

作为备用端点，以备其他端点损坏时进行替换，此时正转可以选用 Y1、Y2、Y3、Y0 作为备用点。如果项目中有正反转，则规定正转使用 Y2，反转使用 Y3；COM2 与 Y4～Y7 配合，分配给指示灯或其他执行元件，例如电机 1 正转为 Y1，红灯为 Y4，绿灯为 Y5，黄灯为 Y6，白灯为 Y7 等。

本案例中，输入为 SB1 按钮，输出为电机正转（输入输出的判断详见第 3 章），元件的 I/O 地址分配如表 1-1 所示。

表 1-1　I/O 分配表

输入		输出	
元件	地址	元件	地址
SB1	X1	电机正转	Y1

（2）画一画。

根据 I/O 分配表，画出对应的接线图，特别注意输出部分对应的额定电压，为了更好地检查之后的项目，我们统一线号规则：

① 输入部分："S/S"连接"+24V"的线号为 8 号，按钮等开关元件公共线为 9 号，连接"0V"，开关、按钮、传感器等连接到 PLC 的线号，根据其连接的 PLC 点进行编号，例如 SB1 按钮连接 X1，则连接 X1 处的导线线号为 X1；

② 输出部分：COM1 为 18 号，Y0～Y3 公共线为 19 号，COM2 为 28 号，Y4～Y7 公共线为 29 号，COM1 与 Y0～Y3 使用同一电源，其他以此类推。本项目接线图如图 1-22 所示。

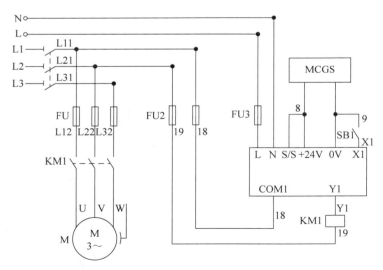

图 1-22　PLC 接线图

（3）接一接。

严格按照图 1-22 所示的接线图，连接硬件接线，接线必须标好线号。

（4）写一写。

按照项目要求和 I/O 分配表编写程序，并做好注释。

① 启动 PLC 设计维护工具软件 GX Developer；

② 单击"开始"按钮，选择"程序"→"MELSOFT 程序"→"GX Developer"，或双击桌面上的"GX Developer"图标，如图 1-23 所示；

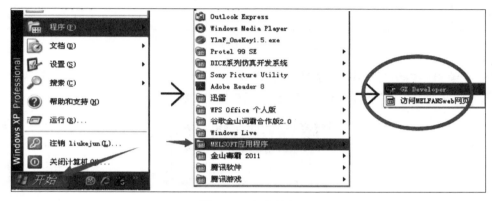

图 1-23　启动程序

③ 单击"新建"图标，弹出"创建新工程"对话框；

④ PLC 系列选择"FXCPU"，即三菱系列；

⑤ PLC 类型选择"FX3U(C)"，即选择 FX3U 类 PLC；

⑥ 程序类型选择"梯形图"或者"SFC"，如图 1-24 所示；

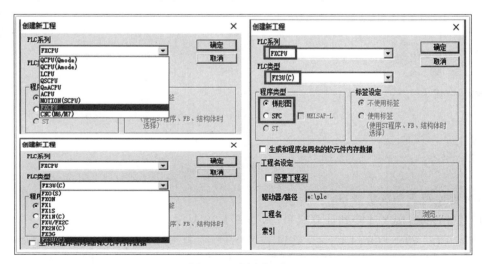

图 1-24　创建新工程

⑦ 单击"确定"按钮，编辑区变成白色，如图 1-25 所示；

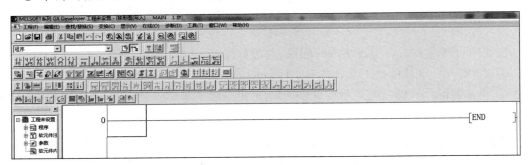

图 1-25　编辑区

⑧ 在编辑区内编写程序，程序写好后，需要进行程序编译，变换程序的方法有两种：

• 打开"变换"下拉菜单，选择"变换"或直接按 F4 键，如图 1-26 所示。

图 1-26　变换程序

• 编译后的结果如图 1-27 所示。

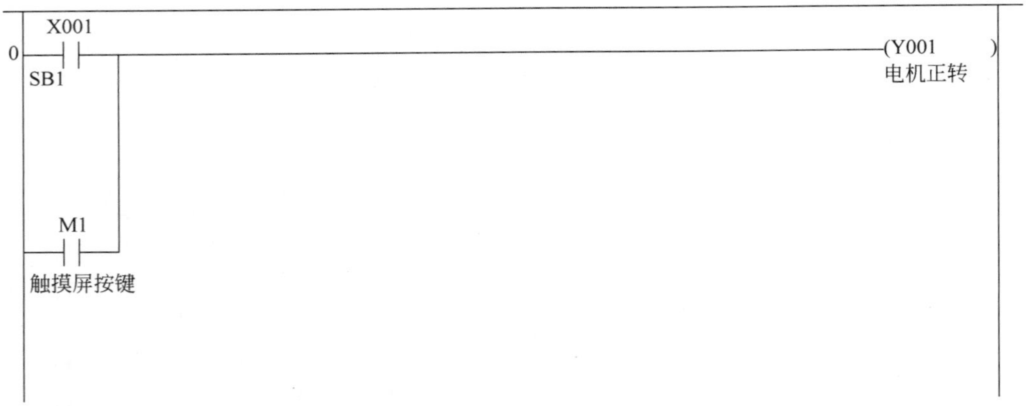

```
     X001                                              (Y001    )
0    ┤├                                                电机正转
     SB1



     M1
     ┤├
     触摸屏按键
```

图 1-27　编译完成的程序

（5）程序写入与联机调试。

① 将 PLC 连接线连接到计算机串口，如图 1-28 所示；

② 将 PLC 的 STOP/RUN 开关设置为 STOP，打开 PLC 电源开关，PLC 面板上的 POWER 指示灯点亮，切记一定要设置为 STOP，否则程序写入后可能运行不正常。选择

"在线"→"传输设置",将程序写入 PLC,如图 1-29 所示。

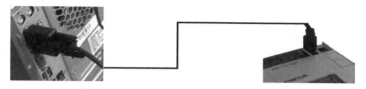

图 1-28 计算机与 PLC 连接

图 1-29 传输设置

调出"传输设置"对话框,检查设置是否正确(COM 端口可以从"我的电脑"→"属性"→"设备管理器"中查询到,设置必须保持一致)。之后单击"通信测试"按钮,提示连接成功后单击"确认"按钮。默认传输设置如图 1-30 所示。

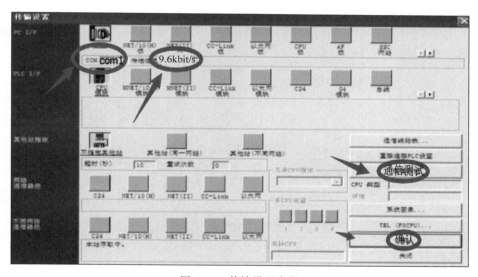

图 1-30 传输设置参数

在菜单中选择"在线"→"PLC 写入",调出 PLC 写入界面。单击"参数＋程序"按钮,然后单击"执行"按钮,则会弹出"是否执行 PLC 写入?"对话框。单击"是"按钮,开始执行程序的写入,如图 1-31 所示。

确保工作环境周边安全后,将 STOP/RUN 开关设置为 RUN,此时 PLC 的运行指示灯也应被点亮,按下 SB1 按钮进行调试,电机点动,PLC 项目完成。

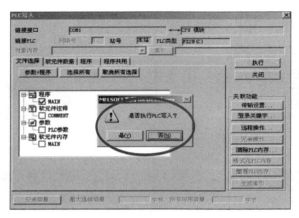

图 1-31　程序写入

1.3　PLC 与电工之间的关系

1.3.1　常见电气元件符号

电力拖动中常用的一些元件符号如图 1-32 所示。

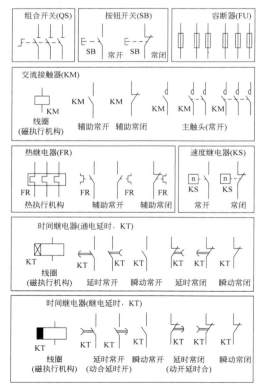

图 1-32　常见电气元件符号

1.3.2　常见电气元件在 PLC 中的表示

电工从业人员如何做好转型？我们需要先了解常见电气元件在 PLC 中的表示方法，进行新的知识架构。通常情况下，常见电气元件，包括开关型元件在 PLC 中的接线符号和常见电路中的电气符号一致，时间型元件除外，例如时间继电器（在 PLC 中无须连接时间继电器）。在 PLC 程序中，开关型元件，例如交流接触器（KM）在 PLC 中的表示方法是 —（Y001　线圈/灯/其他执行元件，时间继电器在 PLC 中的表示方法是 K520 —（T0　计时器），常开触点在 PLC 中的表示方法是 —X002 ┤├ 常开触点，常闭触点在 PLC 中的表示方法是 X001 ┤/├ 常闭触点，常见电气元件在 PLC 中的表示如表 1-2 和表 1-3 所示。

表 1-2　KM、SB、KT 在 PLC 中的表示

元件	电气符号	PLC 接线符号	PLC 程序表示
交流接触器（KM）	KM	KM	—（Y001 线圈/灯/其他执行元件
按钮开关（SB）	E-\ SB 按钮开关常开　E-\ SB 按钮开关常闭	E-\ SB 按钮开关常开　E-\ SB 按钮开关常闭	X001 ┤/├ 常闭触点　X002 ┤├ 常开触点
时间继电器（KT）	KT 延时常开　KT KT 瞬动常开　KT KT 延时常闭　KT 瞬动常闭		K520 —（T0 计时器

表 1-3　常见电气元件在 PLC 中的表示

元件	电气符号	PLC 接线符号	PLC 程序表示
热继电器	FR　热执行机构　FR 辅助常开　FR 辅助常闭	FR　热执行机构　FR 辅助常开　FR 辅助常闭	X001 常闭触点　X002 常开触点
熔断器	FU	FU	不参与编程
空气开关	SQ	SQ	不参与编程
中间继电器	KM　KM　KM 线圈（磁执行机构）　辅助常开　辅助常闭	KM　KM　KM 线圈（磁执行机构）　辅助常开　辅助常闭	—(Y001) 线圈/灯/ 其他执行 元件
限位开关	SQ　SQ　SQ	SQ　SQ　SQ	X001 常闭触点　X002 常开触点

第2章

PLC 编程与仿真软件

市面上的 PLC 犹如汽车一样,有各种各样的品牌和技术壁垒,但编程思维模式是大同小异的。本书以三菱 FX3U 型 PLC 为例,学习 PLC 的基础知识和编程方法。

(1) PLC 编程软件。

三菱 FX3U 系列 PLC 的中文编程软件有 GX-Developer、GX-Works2、GX-Works3,本书主要采用 GX-Developer。

(2) PLC 仿真软件。

当我们没有 PLC 实物进行学习的时候,可以采用如下三种方式进行仿真:

· 用中文仿真软件 FXTRN-BEG-C;

· 用 GX Developer 和 GX Simulator 进行计算机仿真;

· 用 Works 自带的仿真功能。

初学者建议优先选三个软件里面的 FXTRN-BEG-C,其次是用 GX-Developer + GX Simulator 进行计算机仿真,最后是 Works 系列。使用仿真软件在一定程度上可以解决初学者没有硬件实际操作的尴尬局面,同时为后期项目入手提供参考。

2.1　PLC 编程软件

不同牌子 PLC 的编程软件有三菱的 GX Developer、GX Works 等,相同牌子、不同型号的 PLC 使用的编程软件也是有区别的,有的编程软件能通用,有的则不能通用,并且编程软件所支持的编程语言也是有区别的,编程软件是否适用于你使用的 PLC,可以在编程手册中或者官网上查询。三菱 PLC 与台达 PLC 对应的编程软件如图 2-1 所示,汇川 PLC 对应的编程软件如图 2-2 所示。

2.1.1　获取 GX Developer

(1) 百度搜索三菱电机自动化(中国)有限公司网站,进入三菱官网,单击右侧"会员注册"按钮注册会员,然后单击"资料下载",如图 2-3 所示。

图 2-1　三菱 PLC 与台达 PLC 对应的编程软件

图 2-2　汇川 PLC 的编程软件

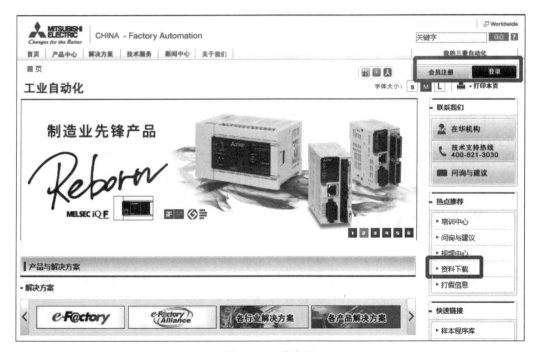

图 2-3　三菱官网

（2）单击"软件下载"，可选择 GX Works 系列或者 GX Developer，如图 2-4 所示。单击"查看"可以看到软件信息，如图 2-5 所示。选定需要安装的软件，本书选用 GX Developer，单击"云盘下载"按钮下载（此处要求登录账号，如果没有账号可以按提示注册），如图 2-6 所示。单击"下载"按钮，即可下载安装压缩包，如图 2-7 所示。

图 2-4 软件下载

● GX Works2 1.586L	可编程控制器 MELSEC	1.87GB	2019/09/30	查看
● GX Works3 1.057K	可编程控制器 MELSEC	2.51 GB	2019/09/30	查看
● RT ToolBox3/RT ToolBox3 mini	工业机器人-MELFA	690MB	2019/09/25	查看
● RT ToolBox3 Pro	工业机器人-MELFA	1.08 GB	2019/09/25	查看
● MX Sheet	可编程控制器 MELSEC	427.08 MB	2019/08/30	查看
● FR-Confitgurator2 Ver 1.17t	变频器	1.12 GB	2019/08/08	查看
● LE7-40GU SLMP通信画 面（V102）	张力控制器		2018/11/05	查看
● LE7-40GU MODBUS TCP通信画面（V102）	张力控制器		2018/11/05	查看
● LE7-40GU CC-Link IE Field Basic通信画面 （V102）	张力控制器		2018/11/05	查看
● GX Developer	可编程控制器 MELSEC	286 MB	2018/07/19	查看
● 张力检测器选型软件V2.0	张力控制器	993.29 KB	2018/06/04	查看

图 2-5 查看软件信息

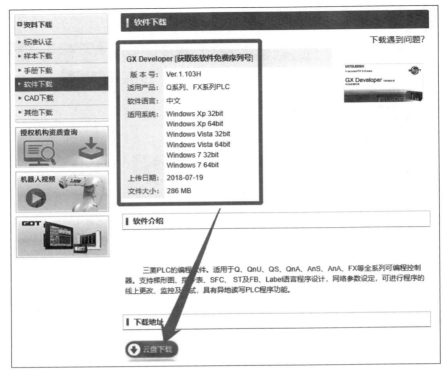

图 2-6　云盘下载

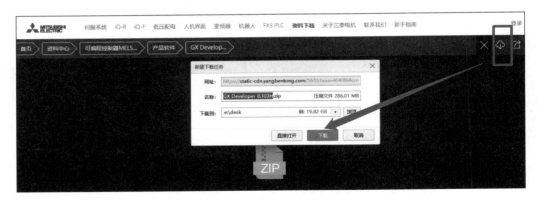

图 2-7　下载安装压缩包

2.1.2　三菱 PLC 编程软件 GX Developer 安装详细说明

（1）鼠标右键单击下载的安装包，选择"解压到"，进行解压缩，如图 2-8 所示。

打开解压的安装包（不同网站安装包目录略有不同，出现如图 2-7 所示文件夹，便可以开始安装），首先安装软件环境，打开文件夹"EnvMEL"，然后双击"SETUP. EXE"进行安装,如图 2-9 和图 2-10 所示。

（2）退出 EnvMEL 文件夹,开始安装主程序,单击 SETUP. EXE,如图 2-9 所示。

图 2-8　安装包图片

1. 安装环境　　　　2. 安装主程序

图 2-9　安装包内容

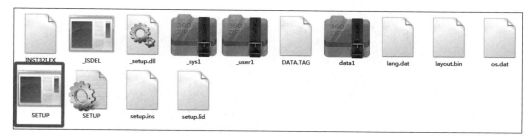

图 2-10　安装文件

在安装的时候,最好把其他应用程序关掉,包括杀毒软件、防火墙、IE 和办公软件等。因为这些软件可能会调用系统的其他文件,影响安装的正常进行,如图 2-11 所示。

（3）输入注册信息后,输入序列号,不同软件的序列号可能会不相同,序列号可以在下载后的压缩包(也可联系作者获取安装包)中得到,如图 2-12 所示。

单击"确定"按钮

图 2-11　安装界面

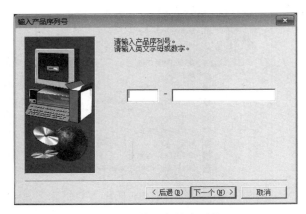

图 2-12　输入产品序列号

接下来单击"下一个"按钮，在这个过程中除了"监视专用 GX Developer"不可以选，其他项都可以勾选。如果勾选了"监视专用 GX Developer"，那么你的 PLC 软件就只能看程序而不能编写程序了，如图 2-13 所示。

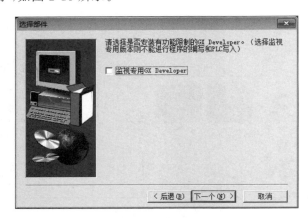

图 2-13　不勾选"监视专用 GX Developer"

（4）单击"下一个"按钮，可以选择浏览自定义安装目标文件夹，不一定要在 C 盘上，安装界面如图 2-14 所示。

（5）直到出现如图 2-15 所示的窗口，此时软件安装完毕，单击"确定"按钮。

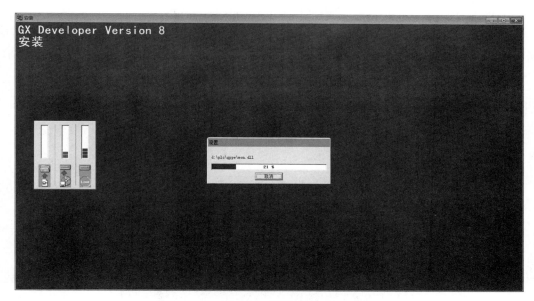

图 2-14　安装界面

图 2-15　软件安装完毕

单击"开始"按钮,在程序里可以找到安装好的文件,单击该文件可以直接打开编程软件,如图 2-16 所示。为方便平时使用,可以右键单击程序图标选择发送桌面快捷方式。

图 2-16　安装好的 MELSOFT 应用程序

出现意外情况时,双击 SETUP. EXE,鼠标变成圆圈一直打转,安装程序没有反应,可以通过几种方式解决:

① 更换不同版本的安装包，或者使用 GX Works 编程软件；

② 使用计算机安全模式进行安装，开机时按 F8 可进入安全模式（不同品牌计算机可能略有不同）；

③ 最后一招，重装系统。

2.1.3　熟悉 GX Developer 编程界面

（1）打开 GX Developer 软件后单击"新建"图标，根据 PLC 面板上的型号（见图 2-17），选择匹配的 PLC 型号，如图 2-18 所示。

图 2-17　PLC 型号

图 2-18　选择匹配的型号

特别提示，一定要勾选"设置工程名"，按照项目要求进行命名，并单击"浏览"按钮，将程序存放在一个特定的硬盘中并建立文件夹，便于日后查找程序，之后单击"确认"按钮进入程序编辑界面。

（2）创建梯形图：建完新工程后，会弹出梯形图编辑画面，如图 2-19 所示。左侧界面是参数区，主要设置 PLC 的各种参数；右侧界面是程序区，程序都在这个区域编写。界面的上部是菜单栏及快捷图标区,包括程序的上传、下载、监控、编译、诊断等。程序区的两端有两条竖线,是两条模拟的电源线,左边的称为左母线,右边的称为右母线。程序从左母线开始,到右母线结束。

图 2-19　软件编辑界面

左侧界面的工程参数列表可以设置 PLC 参数,写 PLC 程序的时候必须保证是写入模式,如图 2-20 所示。

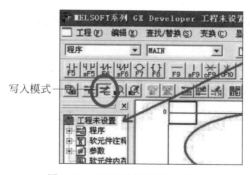

图 2-20　PLC 设置为写入模式

编写程序时常用梯形图符号及快捷键,其功能如图 2-21 所示。

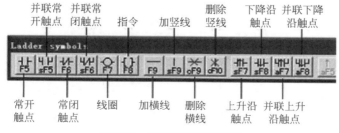

图 2-21　常用符号及快捷键

（3）程序的转换、编译：程序编写完毕后，会显示为灰色状态，此时必须进行程序变换。可以按快捷键 F4 或者选择菜单里的"变换"，如图 2-22 所示。程序如果正确，则通过变换后，程序会显示为白色，否则程序无法变换，需要修改程序。

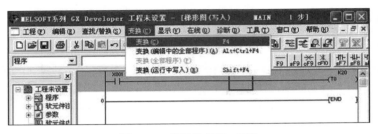

图 2-22　程序的转换、编译

（4）程序的传输（读取及写入）：传输程序之前需先测试 PLC 与计算机是否连接正常，单击"在线"→"传输设置"，主要设置串口类型及通信测试等，如图 2-23 所示。如果一切正常则可以直接单击"通信测试"按钮验证通信是否正常。如果通信不正常则先返回到桌面，右键单击"我的电脑"→"属性"→"设备管理器"→双击"端口"，查看所使用的串口，如图 2-24 所示，然后在 PLC 传输设置里面选择对应的串口，再次单击"通信测试"按钮。通信正常则会跳出提示"与 FXPLC 连接成功"，单击"确认"按钮切换到主界面。如果鼠标一直转圈或者出现其他提示，则需要检查连接线是否连接正确，驱动是否安装等。

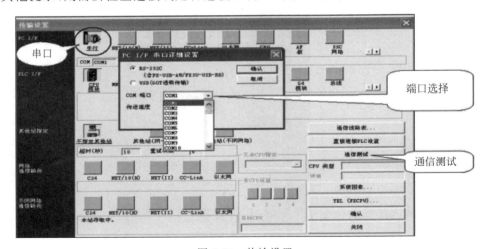

图 2-23　传输设置

与 PLC 通信有以下两种方式，如图 2-25 所示。

① PLC 读取，可以将设备上的 PLC 程序读取到 GX Developer 中；

② PLC 写入，可以将 GX Developer 中编译好的 PLC 程序写入设备上的 PLC 中。当需要写入 PLC 时，我们可以依次选择"在线"→"PLC 写入"→"参数＋程序"→"执行"。

图 2-24　设备管理器

图 2-25　实时监视程序运行

（5）实时监视程序运行：在 PLC 调试阶段，需要实时监测 PLC 程序运行过程，我们可以通过 PLC 自带的监视功能实时观看，单击"监视"工具按钮 或者依次单击"在线"→"监视"→"监视（写入模式）"，如图 2-26 所示。开启监视模式之后，软元件呈蓝色，表示其处于接通状态。如果不能开启监视模式，则需要检查传输设置，重点检查连接线是否接触良好。

监视（写入模式）允许我们在监视程序的时候，直接修改程序，修改后需要变换程序，变换之后的程序会直接写入 PLC，如图 2-27 所示。

（6）元件注释：初学者一定要进行程序的注释，这样能够更加直观地了解自己设计的程序，不至于混乱。对于复杂的程序更加需要添加元件注释，便于后期 PLC 项目维护。我们可以通过两种方式进行注释。

① 双击"软元件注释"→COMMENT，如图 2-28 所示。在右侧按照 I/O 分配表对 X0

开头的软元件添加注释。单击软元件名 X0，输入 Y0，单击"显示"按钮，即可对 Y0 开头的软元件添加注释，注释完毕之后，依次双击"程序"→MAIN，回到程序编辑页面。

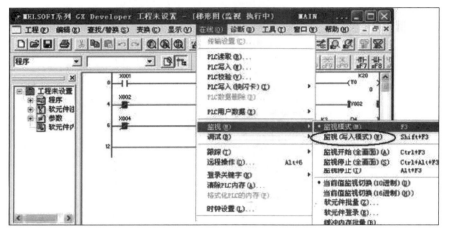

图 2-26　实时监视程序运行

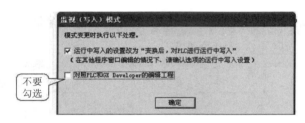

图 2-27　监视（写入模式）

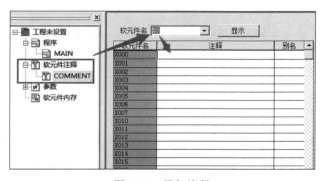

图 2-28　添加注释

　　② 如果需要编辑注释，依次单击"编辑"→"文档生成"→"注释编辑"，然后双击程序中的元件便可编辑注释，如图 2-29 所示。

　　③ 添加注释之后，如果要显示注释，单击"显示"→"显示注释"。如果无法添加注释，需要检查是否开启了输入注释的选项，如图 2-30 所示。

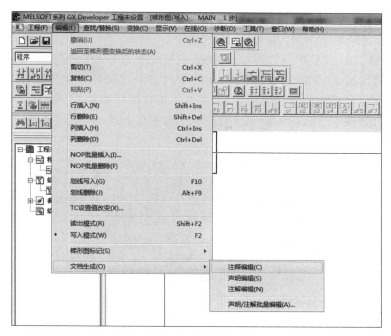

图 2-29　编辑注释

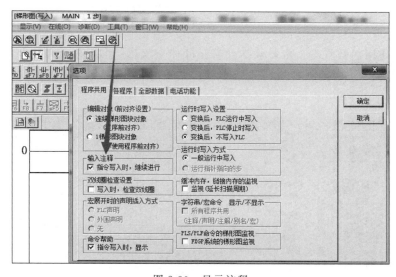

图 2-30　显示注释

2.1.4　GX Developer 软件功能要点

（1）元件查找、替换：如果只是查找元件，在读出模式或者写入模式都可以，如果需要替换元件，则必须在写入模式。替换有以下两种方式。

① 单元件替换：在菜单里选择"查找/替换"，然后在旧软元件中写上要替换的元件，在新软元件里面写上新的软元件，单击"替换"按钮；

② 批量替换：在 PLC 项目故障排除里面，我们经常会遇到输入或输出端点故障，此时需要启用新的输入或输出端点。这个时候一种方式是通过硬件置换进行排故，另一种方式是在更换端点之后进行程序的软硬件替换，此时使用批量替换，一次性替换所有故障点。在菜单选择"查找/替换"，然后在旧软元件里写上要替换的元件，在新软元件中写上新的软元件，单击"全部替换"按钮，如图 2-31 所示。

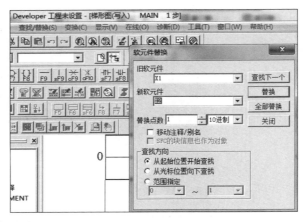

图 2-31　元件查找、替换

（2）元件使用次数查看：如果需要查看元件使用次数，可以通过软元件使用列表进行查找，这在解决双线圈问题的时候，非常方便。单击"查找/替换"→"软元件使用列表"，如图 2-32 所示。

图 2-32　元件使用次数查看

打开软元件使用列表，直接查找对应的软元件，如图 2-33 所示。

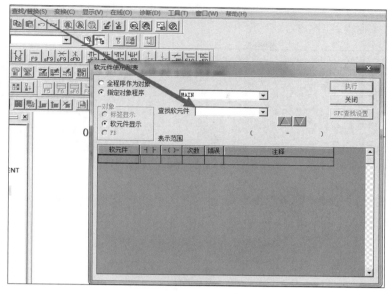

图 2-33　查找对应的软元件

（3）密码设置：如果我们想把自己的程序加上密码，可以通过密码设置来实现。添加密码的方式有读保护和写保护两种。读保护表示输入正确密码后可读取程序，写保护表示输入正确密码可以编写程序，密码长度为 8 位。单击"在线"→"登录关键字"→"新建登录，改变"可设置密码，如图 2-34 所示。

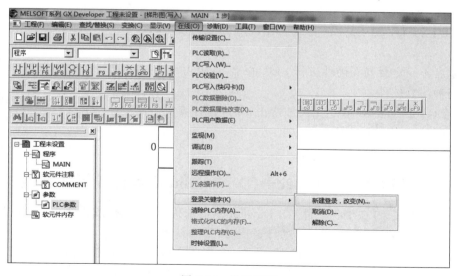

图 2-34　设置密码

（4）PLC 诊断功能：当我们编写复杂程序的时候，可能因为编写的程序出了问题，而导致 PLC 上 ERROR 指示灯一直闪烁。这个时候我们可以连接 PLC，然后依次单击"诊断"→"PLC 诊断"进行观察，如图 2-35 所示。

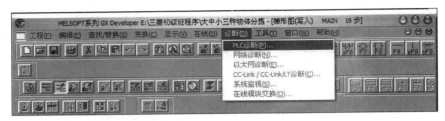

图 2-35　PLC 诊断功能

（5）菜单的帮助功能：如果想更清楚地了解这个编程软件的使用规则和一些处理方法用途，可以通过"帮助"菜单查看，如图 2-36 所示。

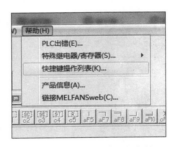

图 2-36　软件的帮助功能

2.2　PLC 仿真软件

初学者不一定要购买硬件进行 PLC 的学习，也可以通过仿真软件进行学习，本节主要介绍前两种仿真软件：

- 用 GX Developer 配合 GX Simulator 进行计算机仿真；
- 用中文仿真软件 FXTRN-BEG-C；
- 用 Works 自带的仿真功能。

2.2.1　用 GX Developer＋GX Simulator 进行计算机仿真

在已经安装了 PLC 编程软件 GX Developer 的前提下，下载模拟软件 GX Simulator，打开安装包，然后双击 SETUP.EXE 进行安装，如图 2-37 所示。

当没有相应的硬件进行测试的时候，可以通过软件仿真模式进行验证，在 GX Developer 中变换好程序后，依次单击"工具"→"梯形图逻辑测试起动"，如图 2-38 所示。

仿真程序起动之后如图 2-39 所示。

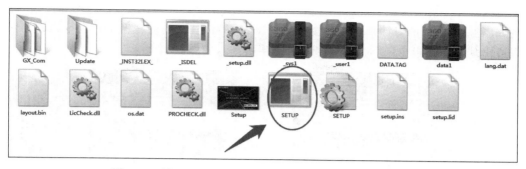

图 2-37　用 GX Developer＋GX Simulator 进行计算机仿真

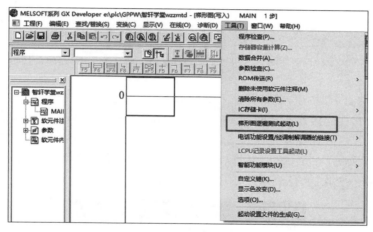

图 2-38　梯形图逻辑测试起动

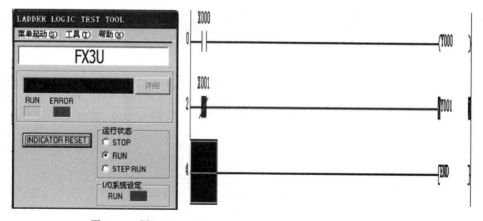

图 2-39　用 GX Developer＋GX Simulator 进行计算机仿真

（1）梯形图逻辑测试工具：单击状态栏的 LADDER LOGIC TEST TOOL 按钮，即可出现如图 2-40 所示的对话框。在图 2-40 中 RUN 是黄色的，表明程序正常运行。如程序有错误或出现未支持指令，则对话框提示"未支持指令"，如图 2-41 所示。

| 图 2-40　梯形图逻辑测试对话框 | 图 2-41　未支持指令对话框 |

双击"未支持指令"按钮，就可弹出未支持指令一览表。

（2）模拟软元件的接通或者断开：依次单击"在线"→"调试"→"软元件测试"，操作界面如图 2-42 所示，然后在位软元件栏中输入要测试的软元件。单击"强制 ON"按钮表示软元件接通，单击"强制 OFF"按钮表示软元件断开。这个时候我们可以在程序编辑界面看到对应的软元件颜色变化，蓝色表示接通，白色表示未接通，如图 2-43 所示。

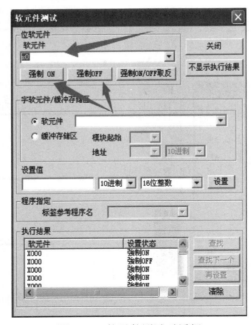

图 2-42　软元件测试对话框

图 2-43　X002 处于 ON 时的状态

（3）元件的状态时序图。

① 位软元件监控：单击状态栏的 LADDER LOGIC TEST TOOL 按钮，并单击"软元件"→"位软元件窗口"→Y，如图 2-44 所示，即可监视所有输出 Y 的状态，设置处于 ON 状态的为黄色，处于 OFF 状态的不变色。用同样的方法，可以监视 PLC 内所有元件的状态，双击位元件，即可强置 ON，再双击可强置 OFF。数据寄存器 D 可以直接置数，T、C 也可以修改当前值，因此调试程序非常方便。

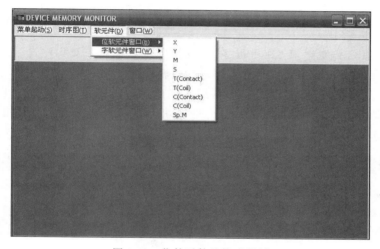

图 2-44　位软元件监控或强制

② 时序图监控：单击"时序图"→"起动"，弹出时序图监控界面，如图 2-45 所示。

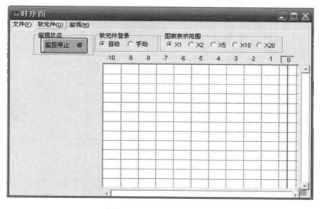

图 2-45　时序图监控

（4）PLC停止仿真运行：单击状态栏的 LADDER LOGIC TEST TOOL 按钮，弹出如图 2-46 所示对话框，选择 STOP，PLC 仿真停止运行；选择 RUN，PLC 仿真又开始运行。

图 2-46　仿真状态栏

（5）退出 PLC 仿真运行：在对程序仿真测试时，通常需要对程序进行修改，这时要先退出 PLC 仿真，如图 2-47 所示，再对程序进行编辑修改。

单击█工具按钮，则出现退出梯形图逻辑测试窗口的提示，如图 2-47 所示，单击"确定"按钮即可退出仿真。但此时的光标还是蓝色块，程序处于监控状态，不能对程序进行编辑，单击█工具按钮，光标变成方框，即可对程序进行编辑。

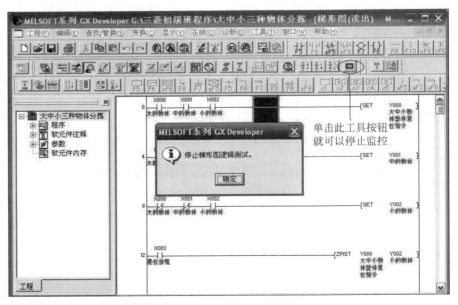

图 2-47　退出 PLC 仿真

（6）梯形图和指令表的转换：单击 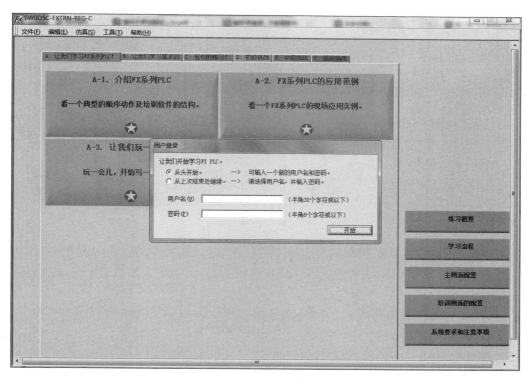 工具按钮，即可进行梯形图和指令表之间的转换。

2.2.2　FXTRN-BEG-C 仿真软件

FXTRN-BEG-C 仿真软件的安装非常简单，只需打开安装包，双击 SETUP.EXE 就可自动安装，安装之后进入如图 2-48 所示的开始界面。可以设置用户名和密码，也可以跳过，仿真软件一共分为 A～F 6 个界面。难度也随之上升，我们可以一一查看，从 A-3 开始可以进行编程。

图 2-48　FXTRN-BEG-C 编程仿真界面

（1）现场仿真区。

单击头像右上角的 click 可查看帮助信息，如果不需要帮助再次单击 click 就会隐藏帮助界面；右侧是仿真界面，右下角是操作面板，左下角这一块区域就是编辑区，仿真界面如图 2-49 所示。

进行 PLC 仿真编程的步骤：

① 单击头像下面的"梯形图编辑"按钮，便可进行程序的编写，写完程序后按 F4 键进行程序变换，然后单击"PLC 写入"按钮；

② 现在我们可以用操作面板来操作 PLC 项目进行仿真验证了，单击"编辑/运行"显示窗口，观察 PLC 的运行状态；

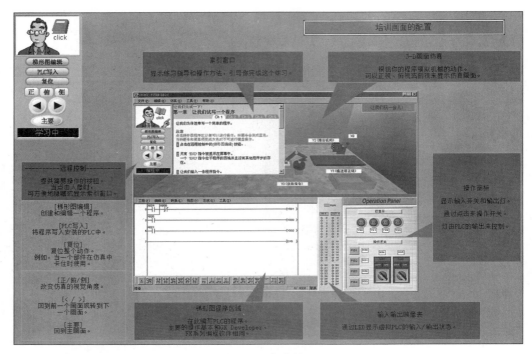

图 2-49　仿真界面

③ 在这个过程中，我们可以通过头像下方的左右键，观察不同角度的仿真界面。单击"主要"按钮可返回主界面，或者单击"复位"按钮，重新运行程序。如果需要修改程序，继续重复以上步骤。

注意：程序编写的 I/O 分配口，必须和仿真界面所给的 I/O 分配口一致，否则程序无法进行仿真，其中机器人、推杆和分拣器的运行方式，为点动工作，自动复位。生产机械上被光电开关控制的输入继电器，通光释放，遮光吸合。

（2）编程区。

我们需要先单击"梯形图编辑"按钮才能进行程序编辑，在编辑区中，可以采用指令表与元件符号混合的方式或者只通过元件符号进行梯形图编程，常用元件符号如图 2-50 所示。

图 2-50　元件符号栏及编程热键

常用元件符号说明如图 2-51 所示。

（3）PLC 状态指示灯。

我们可以通过观察 PLC 状态指示灯来查看 I/O 接口的运行状态。

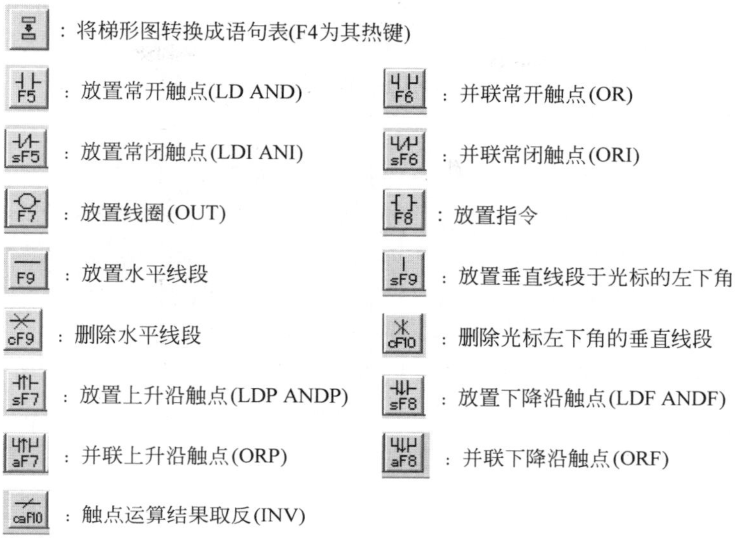
：将梯形图转换成语句表(F4为其热键)
F5
：放置常开触点(LD AND)
F6
：并联常开触点(OR)
sF5
：放置常闭触点(LDI ANI)
sF6
：并联常闭触点(ORI)
F7
：放置线圈(OUT)
F8
：放置指令
F9
：放置水平线段
sF9
：放置垂直线段于光标的左下角
cF9
：删除水平线段
cF10
：删除光标左下角的垂直线段
sF7
：放置上升沿触点(LDP ANDP)
sF8
：放置下降沿触点(LDF ANDF)
aF7
：并联上升沿触点(ORP)
aF8
：并联下降沿触点(ORF)
caF10
：触点运算结果取反(INV)

图 2-51　元件符号说明

（4）操作区。

PB1～4 为点动按钮，对应 PLC 中输入的地址是 X20～X23。SW 为转换开关，受软件反应灵敏度所限，为保证可靠动作，仿真运行操作时各开关的闭合时间应不小于 0.5s。这里必须注意输入输出和程序中的地址是对应的。

2.3　元件放置、梯形图编辑及程序文件操作

2.3.1　梯形图编辑

单击“梯形图编辑”按钮后，编程元件符号栏才可以操作，例如输入 X0 常开触点，可以通过以下三种方式编辑：

① 单击工具按钮，然后在对应的框中输入 X0，如图 2-52 所示；

② 通过工具按钮下方提示的快捷键，按下 F5，然后输入 X0。快捷键中有些会用到组合按键，大写字母前的小写字母 s 表示 Shift、c 表示 Ctrl、a 表示 Alt，例如放置常闭触点，操作时需要同时按住 Shift 和 F5 键；

③ 直接在对应位置输入指令 LD 空格 X0，即 LD X0。

在实际使用过程中用哪种方法因人而异，对于初学者，可以直接采用第 1 种或者第 2 种方式，这个时候需特别注意添加横线或竖线，添加或者删除竖线需要在添加位置的右侧单击竖线，如图 2-52 所示。熟练之后，可采用第 2 种与第 3 种结合的方式。

步进程序采用梯形图编程时，仿真软件和 GX Developer 编程软件表现形式不一样，仿真软件步进程序如图 2-53 所示，编程软件步进表示如图 2-54 所示，但功能是一样的，步进

程序的编辑将在第 5 章中详细说明。

  元件编辑：单击选择元件，然后鼠标右键单击菜单中对应的操作。

  删除元件：单击要删除的元件，然后按键盘上的 Delete 键。

  修改元件：双击元件或者选中元件后按回车键进行修改。

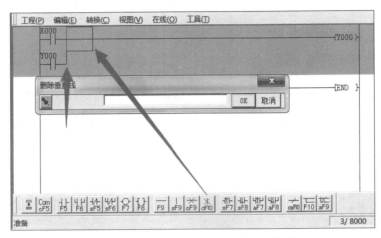

图 2-52 FX3U 系列 PLC 基本编程指令

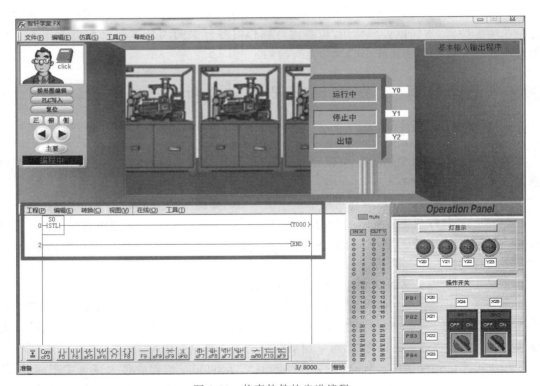

图 2-53 仿真软件的步进编程

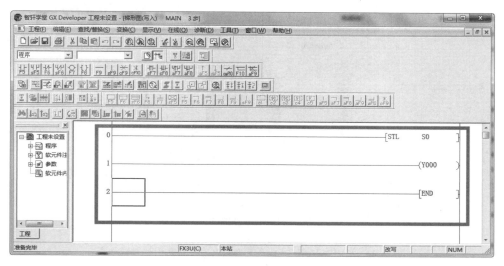

图 2-54 GX Developer 编程软件的步进编程

2.3.2 PLC 程序文件操作

对已经编辑且转换好的 PLC 程序,单击菜单栏中的"工程"进行对应操作,如图 2-55 所示。还可以打开已有的工程,仿真软件也提供了一些参考工程,如图 2-56 所示。

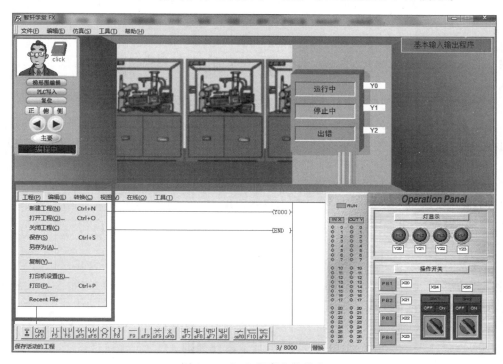

图 2-55 PLC 程序文件操作

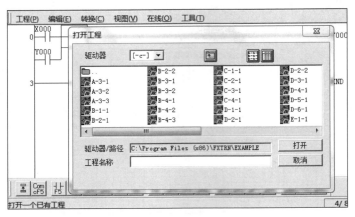

图 2-56　打开 PLC 文件

2.4　FXTRN-BEG-C 仿真软件界面介绍

当没有 PLC 硬件，又想学习编程的时候，使用 FX 仿真软件是最优选择，因为它提供了现场仿真的条件，让我们对 PLC 的运用场景有了明确的认识。但需注意，这个仿真软件仅仅是练习编程，在实际工程的运用中必须使用编程软件，同时要学会硬件的一些连接，不然就只是纸上谈兵。

使用 FX 仿真软件编程的时候需注意，它有自己特定的输入输出分配表，编程时必须严格按照它的分配表编写程序，否则没有作用。在实际的项目编程里，软件有自己的编程和接线规范。

（1）输入/输出编程规范。

输入部分：停止开关设置为 X1，对应元件 SB1 按钮，其他开关信号按照对应序号给地址，例如 SB2 按钮对应 X2，SB3 按钮对应 X3，SA1-1 按钮对应 X11，SA1-3 按钮对应 X13。

输出部分：COM1 与 Y0～Y3 配合，分配给电机控制，如未涉及正反转，可以将 Y0 作为备用端点，以备其他端点损坏时进行替换，此时正转可以选用 Y1、Y2、Y3，Y0 作为备用点。如果项目中有正反转，则规定正转使用 Y2，反转使用 Y3；COM2 与 Y4～Y7 配合，分配给指示灯或其他执行元件，例如电机 1 正转为 Y1，红灯 Y4，绿灯 Y5，黄灯 Y6，白灯 Y7 等。

（2）PLC 接线规范。

输入部分：S/S 连接＋24V 的线号为 8 号，按钮等开关元件公共线为 9 号，连接 0V，开关、按钮、传感器等连接到 PLC 的线号，根据其连接的 PLC 点进行编号，例如 SB1 按钮连接 X1，则连接 X1 处的导线线号为 X1。

输出部分：COM1 为 18 号，Y0～Y3 公共线为 19 号，COM2 为 28 号，Y4～Y7 公共线为 29 号，COM1 与 Y0～Y3 使用同一电源，其他以此类推。

整个软件的编程仿真模块为 A～F，需要明确每个界面的输入输出分配表，即 I/O 分配表,同时想象出这个界面所表示的仿真环境。

A-1 PLC FX 系列 PLC 界面如图 2-57 所示。

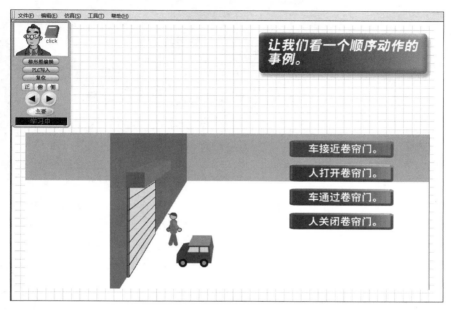

图 2-57 A-1 PLC FX 系列 PLC 界面

A-2 PLC FX 系列的扩展界面如图 2-58 所示。

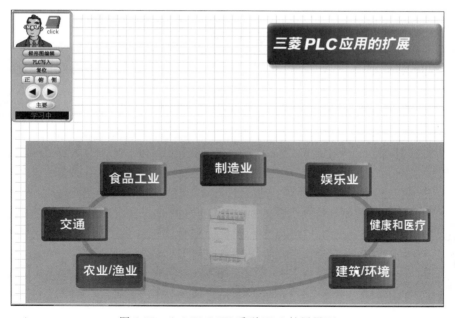

图 2-58 A-2 PLC FX 系列 PLC 扩展界面

A-3"让我们玩一会儿！"界面如图2-59所示。

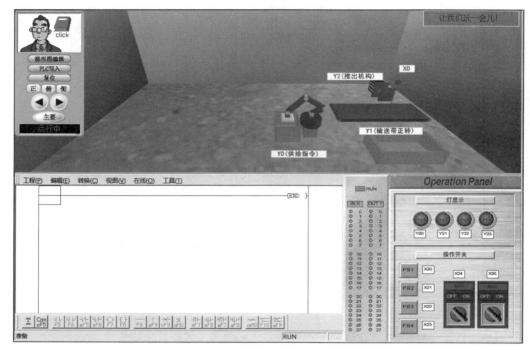

图2-59　A-3 PLC FX系列PLC界面

其I/O分配表如表2-1所示。

表2-1　A-3 I/O分配表

输入		输出	
元件及指令	地址	元件及指令	地址
红外传感器	X0	供给指令	Y0
PB1	X20	输送带正转	Y1
PB2	X21	推出机构	Y2
PB3	X22	PL1	Y20
PB4	X23	PL2	Y21
SW1	X24	PL3	Y22
SW2	X25	PL4	Y23

B-1基本输入输出程序界面如图2-60所示。

其I/O分配表如表2-2所示。

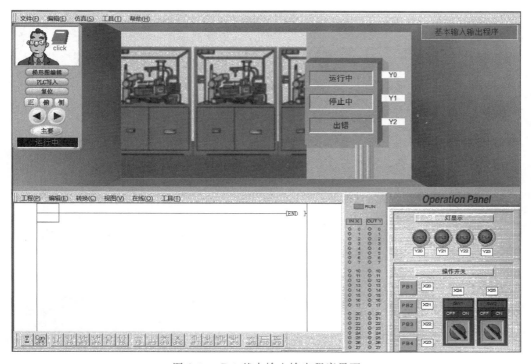

图 2-60　B-1 基本输入输出程序界面

表 2-2　B-1 I/O 分配表

输入		输出	
元件及指令	地址	元件及指令	地址
PB1	X20	运行中	Y0
PB2	X21	停止中	Y1
PB3	X22	出错	Y2
PB4	X23	PL1	Y20
SW1	X24	PL2	Y21
SW2	X25	PL3	Y22
		PL4	Y23

B-2 标准程序界面如图 2-61 所示。

其 I/O 分配表如表 2-3 所示。

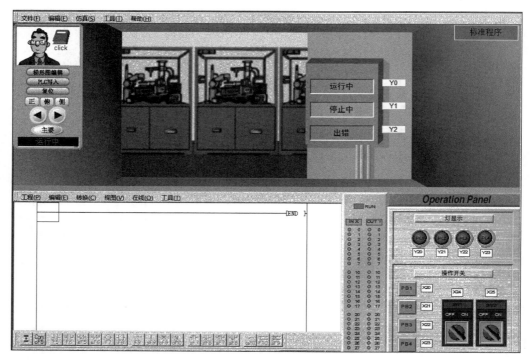

图 2-61　B-2 标准程序界面

表 2-3　B-2 I/O 分配表

输入		输出	
元件及指令	地址	元件及指令	地址
PB1	X20	运行中	Y0
PB2	X21	停止中	Y1
PB3	X22	出错	Y2
PB4	X23	PL1	Y20
SW1	X24	PL2	Y21
SW2	X25	PL3	Y22
		PL4	Y23

B-3 控制优先程序界面如图 2-62 所示。

其 I/O 分配表如表 2-4 所示。

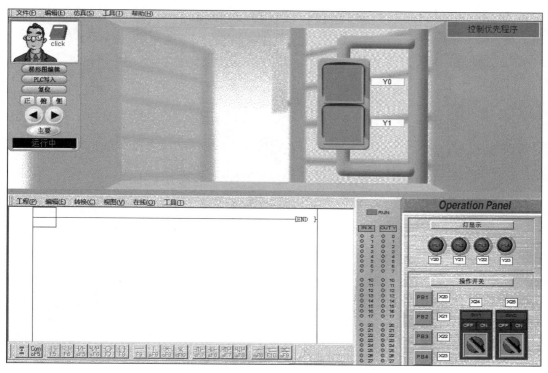

图 2-62　B-3 控制优先程序界面

表 2-4　B-3 I/O 分配表

输入		输出	
元件及指令	地址	元件及指令	地址
PB1	X20	红灯	Y0
PB2	X21	紫灯	Y1
PB3	X22	PL1	Y20
PB4	X23	PL2	Y21
SW1	X24	PL3	Y22
SW2	X25	PL4	Y23

B-4 输入状态读取界面如图 2-63 所示。

其 I/O 分配表如表 2-5 所示。

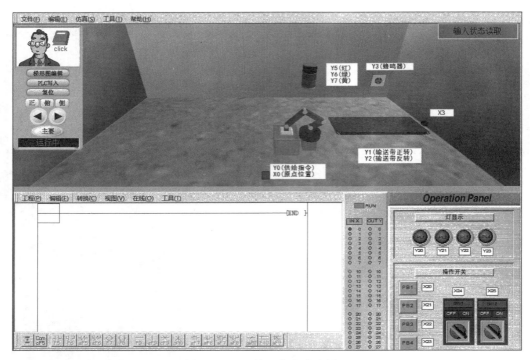

图 2-63　B-4 输入状态读取界面

表 2-5　B-4 I/O 分配表

输入		输出	
元件及指令	地址	元件及指令	地址
原点位置	X0	供给指令	Y0
红外线	X3	输送带正转	Y1
PB1	X20	输送带反转	Y2
PB2	X21	蜂鸣器	Y3
PB3	X22	红	Y5
PB4	X23	绿	Y6
SW1	X24	黄	Y7
SW2	X25	PL1	Y20
		PL2	Y21
		PL3	Y22
		PL4	Y23

C-1 基本定时器操作界面如图 2-64 所示。

其 I/O 分配表如表 2-6 所示。

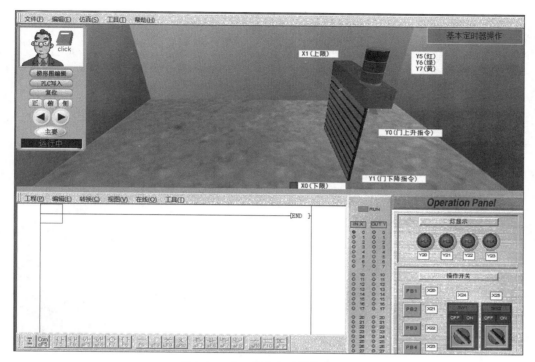

图 2-64　C-1 基本定时器操作界面

表 2-6　C-1 I/O 分配表

输入		输出	
元件及指令	地址	元件及指令	地址
下限	X0	门上升指令	Y0
上限	X1	门下降指令	Y1
PB1	X20	红	Y5
PB2	X21	绿	Y6
PB3	X22	黄	Y7
PB4	X23	PL1	Y20
SW1	X24	PL2	Y21
SW2	X25	PL3	Y22
		PL4	Y23

C-2 应用定时器程序-1 界面如图 2-65 所示。

其 I/O 分配表如表 2-7 所示。

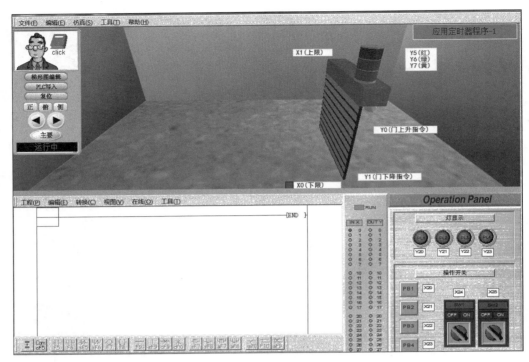

图 2-65　C-2 应用定时器程序-1 界面

表 2-7　C-2 I/O 分配表

输入		输出	
元件及指令	地址	元件及指令	地址
下限	X0	门上升指令	Y0
上限	X1	门下降指令	Y1
PB1	X20	红	Y5
PB2	X21	绿	Y6
PB3	X22	黄	Y7
PB4	X23	PL1	Y20
SW1	X24	PL2	Y21
SW2	X25	PL3	Y22
		PL4	Y23

C-3 应用定时器程序-2 界面如图 2-66 所示。

其 I/O 分配表如表 2-8 所示。

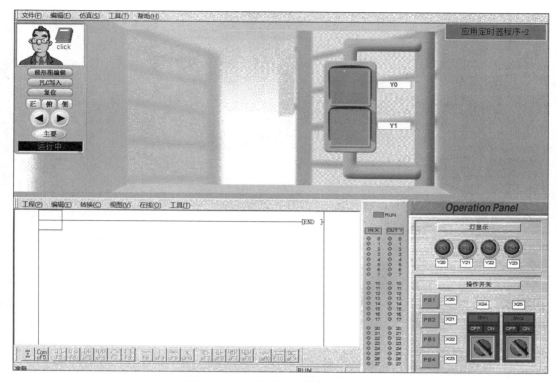

图 2-66　C-3 应用定时器程序-2 界面

表 2-8　C-3 I/O 分配表

输入		输出	
元件及指令	地址	元件及指令	地址
PB1	X20	红灯	Y0
PB2	X21	紫灯	Y1
PB3	X22	PL1	Y20
PB4	X23	PL2	Y21
SW1	X24	PL3	Y22
SW2	X25	PL4	Y23

C-4 基本计数器程序界面如图 2-67 所示。

其 I/O 分配表如表 2-9 所示。

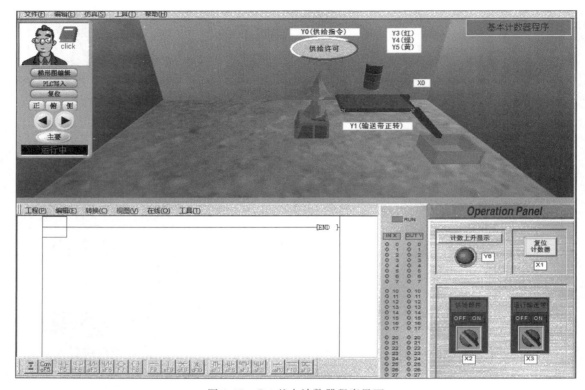

图 2-67　C-4 基本计数器程序界面

表 2-9　C-4 I/O 分配表

输入		输出	
元件	地址	元件及指令	地址
红外传感器	X0	供给指令	Y0
复位计数器	X1	输送带正转	Y1
供给部件	X2	红	Y3
运行输送带	X3	绿	Y4
		黄	Y5
		计数上升显示	Y6

D-1 呼叫单元界面如图 2-68 所示。

其 I/O 分配表如表 2-10 所示。

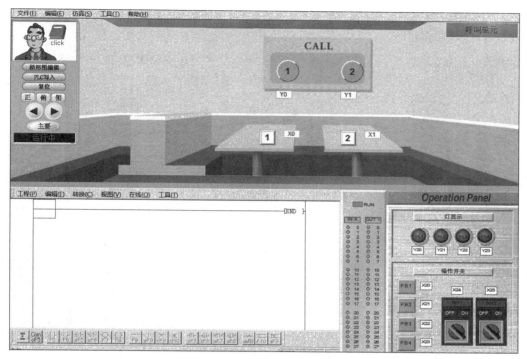

图 2-68　D-1 呼叫单元界面

表 2-10　D-1 I/O 分配表

输入		输出	
元件及指令	地址	元件及指令	地址
按钮 1	X0	墙上指示灯 1	Y0
按钮 2	X1	墙上指示灯 2	Y1
PB1	X20	PL1	Y20
PB2	X21	PL2	Y21
PB3	X22	PL3	Y22
PB4	X23	PL4	Y23
SW1	X24		
SW2	X25		

D-2 检测传感器灯界面如图 2-69 所示。

其 I/O 分配表如表 2-11 所示。

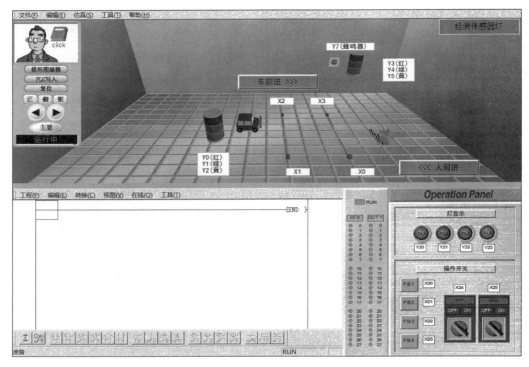

图 2-69　D-2 检测传感器灯界面

表 2-11　D-2 I/O 分配表

输入		输出	
元件及指令	地址	元件及指令	地址
入门感应器	X0	红灯	Y0
出门感应器	X1	绿灯	Y1
入门感应器	X2	黄灯	Y2
出门感应器	X3	红灯	Y3
PB1	X20	绿灯	Y4
PB2	X21	黄灯	Y5
PB3	X22	蜂鸣器	Y7
PB4	X23	PL1	Y20
SW1	X24	PL2	Y21
SW2	X25	PL3	Y22
		PL4	Y23

D-3 交通灯的时间控制界面如图 2-70 所示。

其 I/O 分配表如表 2-12 所示。

图 2-70 D-3 交通灯的时间控制界面

表 2-12 D-3 I/O 分配表

输入		输出	
元件及指令	地址	元件及指令	地址
PB1	X20	红灯	Y0
PB2	X21	黄灯	Y1
PB3	X22	绿灯	Y2
PB4	X23	PL1	Y20
SW1	X24	PL2	Y21
SW2	X25	PL3	Y22
		PL4	Y23

D-4 不同尺寸的部件分拣界面如图 2-71 所示。

其 I/O 分配表如表 2-13 所示。

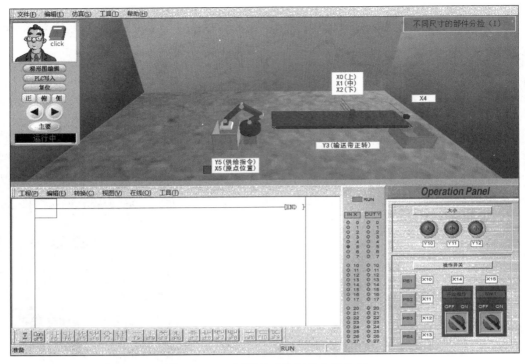

图 2-71　D-4 不同尺寸的部件分拣界面

表 2-13　D-4 I/O 分配表

输入		输出	
元件及指令	地址	元件及指令	地址
上	X0	输送带正转	Y3
中	X1	供给指令	Y5
下	X2	大	Y10
红外感应器	X4	中	Y11
原点位置	X5	小	Y12
PB1	X10		
PB2	X11		
PB3	X12		
PB4	X13		
SW1	X14		
SW2	X15		

D-5 输送带起动/停止界面如图 2-72 所示。

其 I/O 分配表如表 2-14 所示。

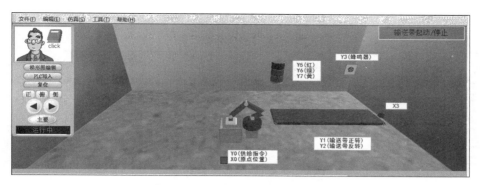

图 2-72 D-5 输送带起动/停止界面

表 2-14 D-5 I/O 分配表

输入		输出	
元件及指令	地址	元件及指令	地址
原点位置	X0	供给指令	Y0
红外感应器	X3	输送带正转	Y1
PB1	X20	输送带反转	Y2
PB2	X21	蜂鸣器	Y3
PB3	X22	红灯	Y5
PB4	X23	绿灯	Y6
SW1	X24	黄灯	Y7
SW2	X25	PL1	Y20
		PL2	Y21
		PL3	Y22
		PL4	Y23

D-6 输送带驱动界面如图 2-73 所示。

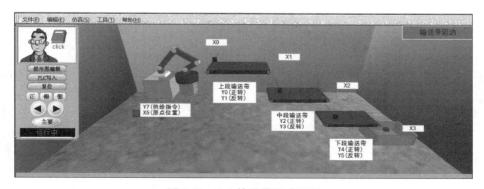

图 2-73 D-6 输送带驱动界面

其 I/O 分配表如表 2-15 所示。

表 2-15　D-6 I/O 分配表

输入		输出	
元件及指令	地址	元件及指令	地址
红外传感器	X0	正转	Y0
红外传感器	X1	反转	Y1
红外传感器	X2	正转	Y2
红外传感器	X3	反转	Y3
原点位置	X5	正转	Y4
PB1	X20	反转	Y5
PB2	X21	供给指令	Y7
PB3	X22	PL1	Y20
PB4	X23	PL2	Y21
SW1	X24	PL3	Y22
SW2	X25	PL4	Y23

E-1 按钮信号界面如图 2-74 所示。

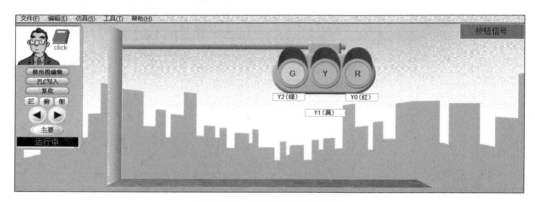

图 2-74　E-1 按钮信号界面

其 I/O 分配表如表 2-16 所示。

表 2-16　E-1 I/O 分配表

输入		输出	
元件及指令	地址	元件及指令	地址
按钮	X10	红灯	Y0
		黄灯	Y1
		绿灯	Y2
		指示灯	Y10

E-2 不同尺寸的部件分拣界面如图 2-75 所示。

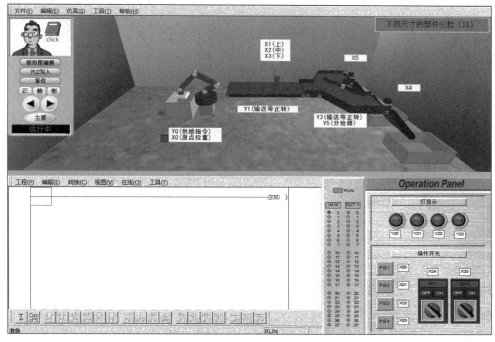

图 2-75 E-2 不同尺寸的部件分拣界面

其 I/O 分配表如表 2-17 所示。

表 2-17 E-2 I/O 分配表

输入		输出	
元件及指令	地址	元件及指令	地址
原点位置	X0	供给指令	Y0
上	X1	输送带正转	Y1
中	X2	输送带正转	Y2
下	X3	分拣器	Y5
红外感应器	X4	PL1	Y20
红外感应器	X5	PL2	Y21
PB1	X20	PL3	Y22
PB2	X21	PL4	Y23
PB3	X22		
PB4	X23		
SW1	X24		
SW2	X25		

E-3 部件移动界面如图 2-76 所示。

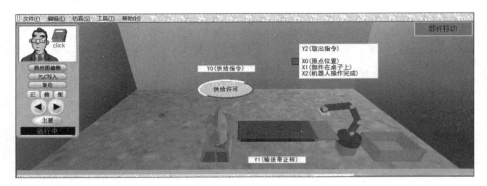

图 2-76　E-3 部件移动界面

其 I/O 分配表如表 2-18 所示。

表 2-18　E-3 I/O 分配表

输入		输出	
元件及指令	地址	元件及指令	地址
原点位置	X0	供给指令	Y0
部件在桌子上	X1	输送带正转	Y1
机器人操作完成	X2	取出指令	Y2
PB1	X20	PL1	Y20
PB2	X21	PL2	Y21
PB3	X22	PL3	Y22
PB4	X23	PL4	Y23
SW1	X24		
SW2	X25		

E-4 钻孔界面如图 2-77 所示。

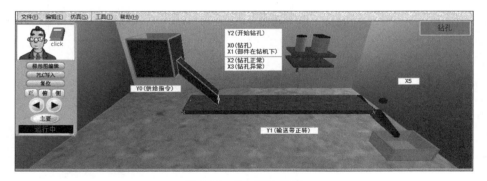

图 2-77　E-4 钻孔界面

其I/O分配表如表2-19所示。

表2-19 E-4 I/O分配表

输入		输出	
元件及指令	地址	元件及指令	地址
钻孔	X0	供给指令	Y0
部件在钻机下	X1	输送带正转	Y1
钻孔正常	X2	开始钻孔	Y2
钻孔正常	X3	PL1	Y20
红外线感应器	X5	PL2	Y21
PB1	X20	PL3	Y22
PB2	X21	PL4	Y23
PB3	X22		
PB4	X23		
SW1	X24		
SW2	X25		

E-5部分供给控制界面如图2-78所示。

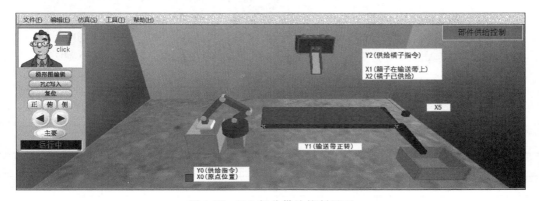

图2-78 E-5部分供给控制界面

其I/O分配表如表2-20所示。

表2-20 E-5 I/O分配表

输入		输出	
元件及指令	地址	元件及指令	地址
原点位置	X0	供给指令	Y0
箱子在传送带上	X1	输送带正转	Y1

续表

输入		输出	
橘子已供给	X2	供给橘子指令	Y2
红外线感应器	X5	PL1	Y20
PB1	X20	PL2	Y21
PB2	X21	PL3	Y22
PB3	X22	PL4	Y23
PB4	X23		
SW1	X24		
SW2	X25		

E-6 输送带控制界面如图 2-79 所示。

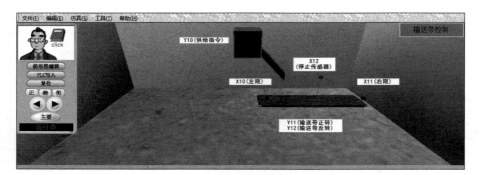

图 2-79　E-6 输送带控制界面

其 I/O 分配表如表 2-21 所示。

表 2-21　E-6 I/O 分配表

输入		输出	
元件及指令	地址	元件及指令	地址
输入框	X0/X7	数显	Y0/Y7
左限	X10	供给指令	Y10
右限	X11	输送带正转	Y11
停止传感器	X12	输送带反转	Y12
PB1	X20	PL1	Y20
PB2	X21	PL2	Y21
PB3	X22	PL3	Y22
PB4	X23	PL4	Y23
SW1	X24		
SW2	X25		

F-1 自动门操作界面如图 2-80 所示。

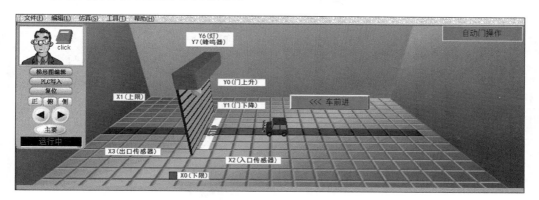

图 2-80　F-1 自动门操作界面

其 I/O 分配表如表 2-22 所示。

表 2-22　F-1 I/O 分配表

输入		输出	
元件及指令	地址	元件及指令	地址
下限	X0	门上升	Y0
上限	X1	门下降	Y1
入口传感器	X2	灯	Y6
出口传感器	X3	蜂鸣器	Y7
门上升	X10	停止中	Y10
门下降	X11	门动作中	Y11
		门灯	Y12
		打开中	Y13

F-2 舞台装置界面如图 2-81 所示。

其 I/O 分配表如表 2-23 所示。

表 2-23　F-2 I/O 分配表

输入		输出	
元件及指令	地址	元件及指令	地址
内	X0	窗帘打开指令	Y0
中	X1	窗帘关闭指令	Y1
外	X2	舞台上升	Y2
内	X3	舞台下降	Y3

续表

输入		输出	
中	X4	蜂鸣器	Y5
外	X5	动作	Y10
舞台上限	X6	完成	Y11
舞台下限	X7	动作	Y12
窗帘开	X10	完成	Y13
窗帘关	X11	动作	Y14
舞台上升	X12	完成	Y15
舞台下降	X13	动作	Y16
开始	X16	完成	Y17
结束	X17		

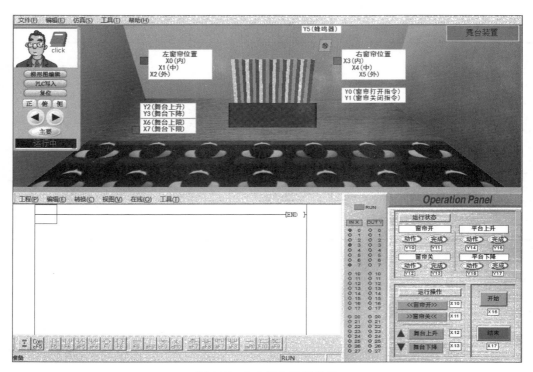

图 2-81　F-2 舞台装置界面

F-3 部件分配界面如图 2-82 所示。

其 I/O 分配表如表 2-24 所示。

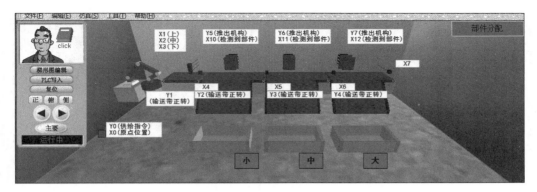

图 2-82　F-3 部件分配界面

表 2-24　F-3 I/O 分配表

输入		输出	
元件及指令	地址	元件及指令	地址
原点位置	X0	供给指令	Y0
上	X1	输送带正转	Y1
中	X2	输送带正转	Y2
下	X3	输送带正转	Y3
大	X4	输送带正转	Y4
中	X5	推出机构	Y5
小	X6	推出机构	Y6
红外感应器	X7	推出机构	Y7
检测到部件	X10	PL1	Y20
检测到部件	X11	PL2	Y21
检测到部件	X12	PL3	Y22
PB1	X20	PL4	Y23
PB2	X21		
PB3	X22		
PB4	X23		
SW1	X24		
SW2	X25		

F-4 不良部件的分拣界面如图 2-83 所示。

其 I/O 分配表如表 2-25 所示。

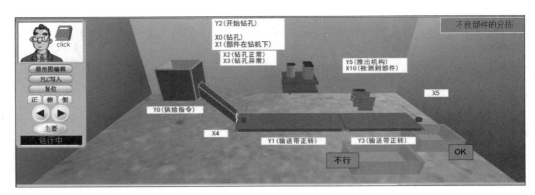

图 2-83　F-4 不良部件的分拣界面

表 2-25　F-4 I/O 分配表

输入		输出	
元件及指令	地址	元件及指令	地址
钻孔	X0	供给指令	Y0
部件在钻孔机上	X1	输送带正转	Y1
钻孔正常	X2	开始钻孔	Y2
钻孔正常	X3	输送带正转	Y3
红外线传感器	X4	PL1	Y20
红外线传感器	X5	PL2	Y21
检测到部件	X10	PL3	Y22
		PL4	Y23

F-5 正反转控制界面如图 2-84 所示。

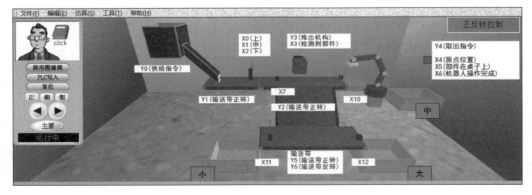

图 2-84　F-5 正反转控制界面

其 I/O 分配表如表 2-26 所示。

表 2-26　F-5 I/O 分配表

输入		输出	
元件及指令	地址	元件及指令	地址
上	X0	供给指令	Y0
中	X1	输送带正转	Y1
下	X2	输送带正转	Y2
检测到部件	X3	推出机构	Y3
原点位置	X4	取出指令	Y4
部件在桌子上	X5	PL1	Y20
机器人操作完成	X6	PL2	Y21
红外传感器	X7	PL3	Y22
红外传感器	X10	PL4	Y23
红外传感器	X11		
红外传感器	X12		

F-6 升降机控制界面如图 2-85 所示。

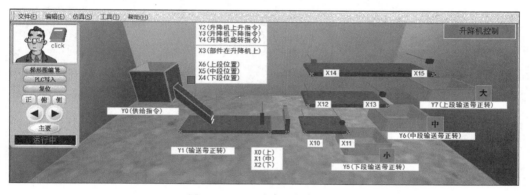

图 2-85　F-6 升降机控制界面

其 I/O 分配表如表 2-27 所示。

表 2-27　F-6 I/O 分配表

输入		输出	
元件及指令	地址	元件及指令	地址
上	X0	供给指令	Y0
中	X1	输送带正转	Y1
下	X2	升降机上升指令	Y2
部件在升降机上	X3	升降机下降指令	Y3
下段位置	X4	升降机旋转指令	Y4
中段位置	X5	下段输送带正转	Y5
上段位置	X6	中段输送带正转	Y6

续表

输入		输出	
元件及指令	地址	元件及指令	地址
下左传感器	X10	上段输送带正转	Y7
下右传感器	X11	PL1	Y20
中左传感器	X12	PL2	Y21
中右传感器	Y13	PL3	Y22
上左传感器	Y14	PL4	Y23
上右传感器	Y15		

F-7 分拣和分配线界面如图 2-86 所示。

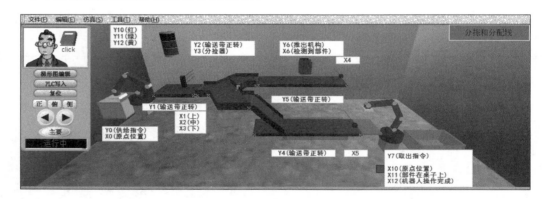

图 2-86　F-7 分拣和分配线界面

其 I/O 分配表如表 2-28 所示。

表 2-28　F-7 I/O 分配表

输入		输出	
元件及指令	地址	元件及指令	地址
原点位置	X0	供给指令	Y0
上	X1	输送带正转	Y1
中	X2	输送带正转	Y2
下	X3	分拣器	Y3
红外传感器	X4	输送带正转	Y4
红外传感器	X5	输送带正转	Y5
检测到部件	X6	推出机构	Y6
原点位置	X10	取出指令	Y7
部件在桌子上	X11	红	Y10
机器人操作完成	X12	绿	Y11
		黄	Y12

2.5　FXTRN-BEG-C 案例演示

　　如果我们没有准备好,不想投入很大的成本去买 PLC,最好的方式是采用仿真软件进行模拟,对于 PLC 程序来讲,必须掌握点动自锁互锁、延时接通、分断等程序的编写,我们会在第 3 章里面着重讲解,本节将做部分的案例演示。

2.5.1　点动控制

　　选择 A-3 作为仿真界面来完成点动控制,项目要求及仿真界面如图 2-87 所示。

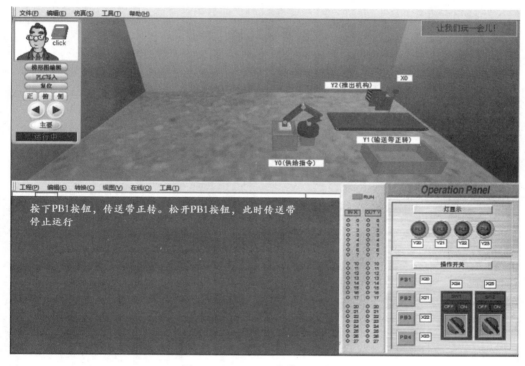

图 2-87　PLCFX 系列 PLC 界面

　　第 1 步:打开软件,单击 A-3 界面,如图 2-88 所示。

　　第 2 步:界面选择。进入仿真页面后,我们可以在左边单击不同的 Ch,然后进入不同的页面去查看仿真界面的各种项目说明。如果不需要,直接单击 click 隐藏说明栏。这一步我们隐藏说明栏,注意观察元件对应的 I/O 接口,如图 2-89 所示。

　　第 3 步:编辑程序准备。单击"梯形图编辑"按钮,在编辑区编写程序。可以从编程区最下方的工具栏中直接选取对应的 PLC 符号,也可以输入指令来编程,如图 2-90 所示。

　　第 4 步:根据项目要求编写程序。本项目要求按下 PB1 按钮(X20),输送带正转(Y1);

松开 PB1 按钮，输送带停止转动，其编程如图 2-91 所示。

第 5 步：程序转换。单击"转换"或按 F4 键进行程序的转换。如果程序没有问题，那么编程界面会变成白色；如果程序有问题则编译不通过，需要重新修改程序。程序转换如图 2-92 所示。

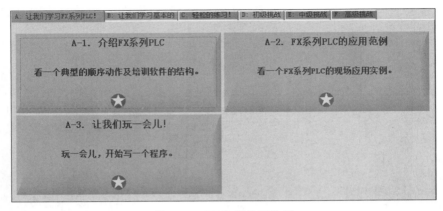

图 2-88　FX 仿真界面选择

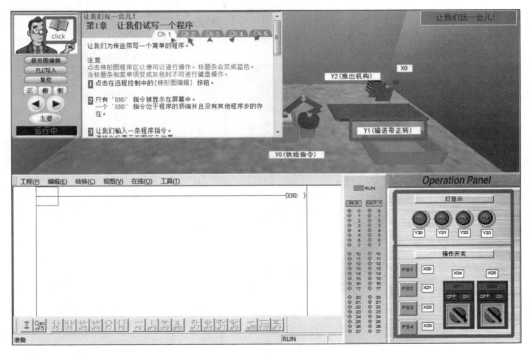

图 2-89　进入 FX 仿真界面

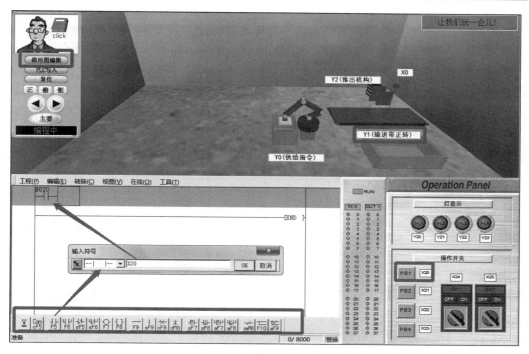

图 2-90　梯形图编辑

图 2-91　编写程序

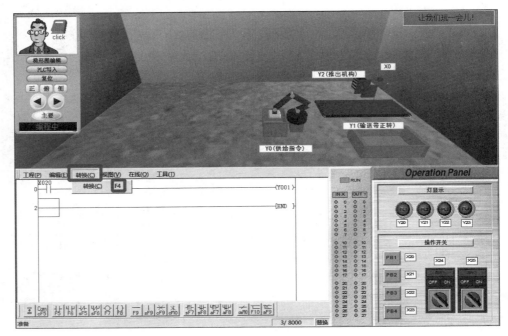

图 2-92　程序转换

第 6 步：程序注释。为了避免时间久了之后忘记编程的思路，或者需要让不同的程序员进行协同工作，我们需要为程序添加注释，单击"编辑"→"文档"→"注释"，如图 2-93 所示。

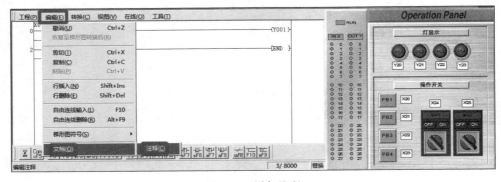

图 2-93　添加注释

然后双击相应的元件输入注释，如图 2-94 所示。

单击"视图"→"注释"，这时在程序中就会显示我们刚刚填写的注释，如图 2-95 所示。

也可以先单击"视图"→"注释"，然后再单击"编辑"→"文档"→"注释"，这样在输入注释的同时就会显示注释。

第 7 步：程序写入。单击"PLC 写入"按钮将程序写入 PLC 中，如图 2-96 所示。

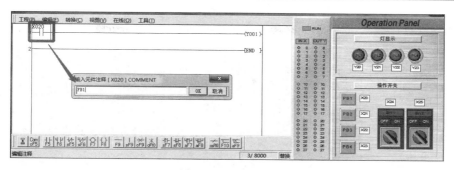

图 2-94　写入注释

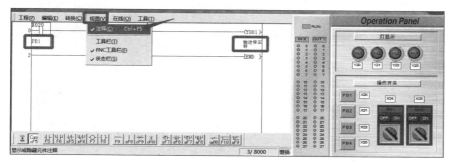

图 2-95　显示注释

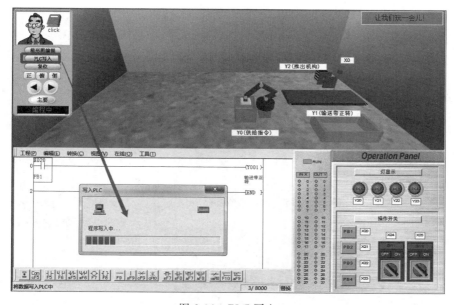

图 2-96　PLC 写入

第 8 步：程序调试。根据项目要求按相应的按钮查看运行状态，按下 PB1 按钮，看输送带是否正转；松开 PB1 按钮，看输送带是否停止。如果是则程序正常，不是则需要重新单击

"梯形图编辑"按钮，再次设计程序。本案例调试界面如图 2-97 所示。

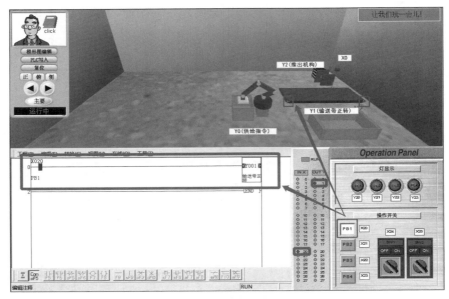

图 2-97　PLC 程序调试

2.5.2　自锁控制

自锁控制项目要求如图 2-98 所示。

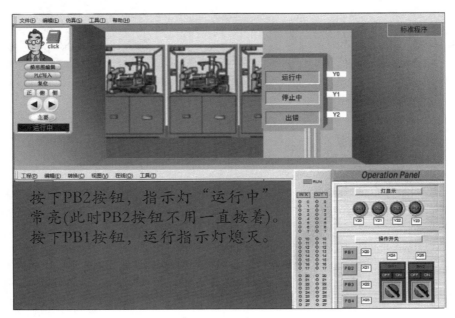

图 2-98　自锁控制项目要求

按照 2.3.1 节所示的步骤,设计程序,程序设计如图 2-99 所示。

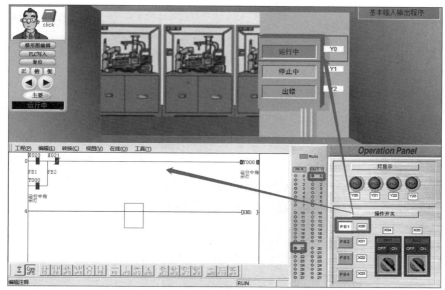

图 2-99　自锁控制项目要求

这里需要注意的是竖线的画法,在想要添加的位置的右上方单击 工具按钮或者按组合键 Shift＋F9,如图 2-100 所示。

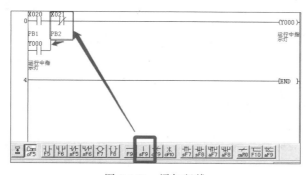

图 2-100　添加竖线

2.5.3　互锁控制

互锁控制项目要求如图 2-101 所示。

按照 2.3.1 节所示的步骤,设计程序。只要在 PLC 中涉及相反状态,不能同时并存的时候,互锁都是必需的,同时我们还要考虑在硬件上的互锁需防止出现短路的情况,这个问题将在第 3 章中重点说明。互锁控制程序设计如图 2-102 所示。

以上是常见的几种程序控制,在第 3 章中我们将其具体在编程软件中的实现与实际项目相结合,这个仿真软件只是在没有实物 PLC 的时候练习使用。

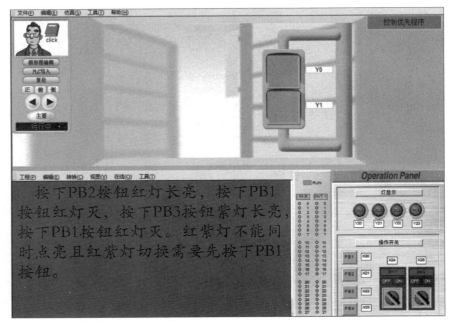

图 2-101　互锁控制项目要求

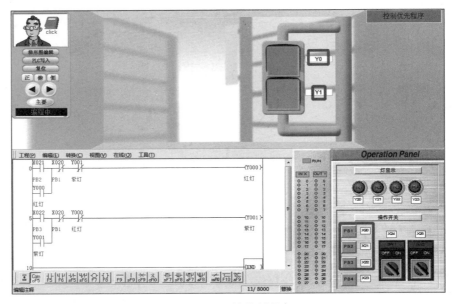

图 2-102　互锁控制程序

第 3 章

PLC 软元件

PLC 软元件是 PLC 编程的核心组成部分。对于硬件部分,PLC 软元件中只允许 X 和 Y 接外部电路,也就是只有 X 和 Y 可以进行硬件连接,M、T、C、S 等软元件无法连接外部电路。

不同型号的 PLC,其软元件构成略有不同,详情可参阅对应的 PLC 手册,三菱 PLC 的 FX3U 系列常见软元件编号一览表,如表 3-1 和表 3-2 所示。

表 3-1　常见 FX3U 软元件(a)

软元件名称	元件编号	总点数	说明
输入输出继电器			
输入继电器	X000～X367	248 点	软元件的编号为八进制编号
输出继电器	Y000～Y367	248 点	
辅助继电器			
一般用[可变]	M0～M499	500 点	通过参数可以更改保持/非保持的设定
保持用[可变]	M500～M1023	524 点	
保持用[固定]	M1024～M7679	6656 点	
特殊用	M8000～M8511	512 点	
状态			
初始化状态(一般用[可变])	S0～S9	10 点	通过参数可以更改保持/非保持的设定
一般用[可变]	S10～S499	490 点	
保持用[可变]	S500～S899	400 点	
信号报警器用(保持用[可变])	S900～S999	100 点	
保持用[固定]	S1000～S4095	3096 点	
定时器(ON 延迟定时器)			
100ms	T0～T191	192 点	0.1～3276.7s
100ms[子程序、中断子程序用]	T192～T199	8 点	0.1～3276.7s
10ms	T200～T245	46 点	0.01～327.67s
1ms 累计型	T246～T249	4 点	0.001～32.767s
100ms 累计型	T250～T255	6 点	0.1～3276.7s
1ms	T256～T511	256 点	0.001～32.767s

续表

软元件名称	元件编号	总点数	说明
计数器			
一般用增计数(16位)[可变]	C0～C99	100点	0～32767 的计数器可通过参数更改保持/非保持的设定
保持用增计数(16位)[可变]	C100～C199	100点	
一般用双方向(32位)[可变]	C200～C219	20点	－2147483648～＋2147483647 的计数器可通过参数更改保持/非保持的设定
保持用双方向(32位)[可变]	C220～C234	15点	

表 3-2　常见 FX3U 软元件（b）

软元件名称	内容	说明
高速计数器		
单相双计数的输入双方向(32位)	C235～C245	最多可以使用 8 点更改保持/非保持的设定 －2147483648～＋2147483647 的计数器 单相：100kHz×6 点，10kHz×2 点 双相：50kHz（1 倍），50kHz（4 倍） 软件计数器 　单相：40kHz 双相：40kHz（1 倍），10kHz（4 倍）
单相双计数的输入 双方向(32位)	C246～C250	
双相双计数的输入双方向(32位)	C251～C255	
数据寄存器（成对使用时 32 位）		
一般用(16位)[可变]	D0～D199	200点	通过参数可以更改保持/非保持的设定
保持用(16位)[可变]	D200～D511	312点	
保持用(16位)[固定]	D512～D7999	7488点	通过参数可以将寄存器 7488 点中 D1000 以后的软元件以每 500 点为单位设定为文件寄存器
<文件寄存器>	< D1000～D7999 >	<7000点>	
特殊用(16位)	D8000～D8511	512点	
变址用(16位)	V0～V7、Z0～Z7	16点	
文件寄存器、扩展文件寄存器		
文件寄存器(16位)	R0～R32767	32768点	通过电池进行停电保持
通过电池进行停电保持	ER0～ER32767	32768点	仅在安装存储器盒时可用
指针		
JUMP、CALL 分支用	P0～P4095	4096点	CJ 指令、CALL 指令用
输入中断 输入延迟中断	10□□0～15□□0	6点	
定时器中断	16□□～18□□	3点	
计数器中断	1010～1060	6点	HSCS 指令用
嵌套		
主控用	N0～N7	8点	MC 指令用
常数			

续表

软元件名称	内容	说明
十进制数（K）	16 位	−32768～＋32767
	32 位	−2147483648～＋2147483647
十六进制（H）	16 位	0～FFFF
	32 位	0～FFFFFFFF

3.1　输入继电器 X

输入继电器 X 在三菱 FX3U 系列中的点数如图 3-1 所示。

FX3UC 可编程控制器	型号	FX3UC-32MT-LT	扩展时	合计 256点		
	输入	X000～X017 16点	X000～X357 240点			
	输出	Y000～Y017 16点	Y000～Y357 240点			
FX3U 可编程控制器	型号	FX3U-16M	FX3U-32M	FX3U-48M	FX3U-64M	FX3U-80M
	输入	X000～X007 8点	X000～X017 16点	X000～X027	X000～X037 32点	X000～X047 40点
	输出	Y000～Y007 8点	Y000～Y017 16点	Y000～Y027	Y000～Y037 32点	Y000～Y047 40点

图 3-1　FX3U 输入输出接口

X 为 PLC 的输入接口，主要连接外部信号，常见的有按钮、开关、传感器等元件。

其表现形式是 X＋数字，例如 X1，代表 1 号输入继电器。输入继电器的表示是八进制的，也就是说数字中不允许出现 8、9，可表示为 X0～X7、X10～X17、X20～X27 等，具体的点数可以根据 PLC 的型号确定，例如 FX3U-48MR 表示输入点数为 48 的一半，也就是 24 个，则其表示方法为 X0～X7、X10～X17、X20～X27，其他的依次类推。

（1）当输入端连接传感器的时候，有些需要 24V 供电，这个时候需要区分传感器类型，根据要求选择是＋24V 还是 0V 与 S/S 连接，确保连接正确，传感器才能正常工作。输入接线如图 3-2 和图 3-3 所示。

（2）在程序设计时，X 只由外部开关等信号控制，不可以在程序中出现 OUT X0 类型的写法。

注意：当外部连接停止按钮的常闭触点时，编写程序时应选择 X 的常开触点表示停止。

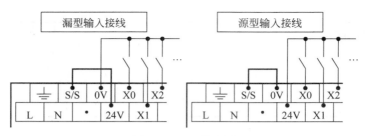

图 3-2 PLC 输入端

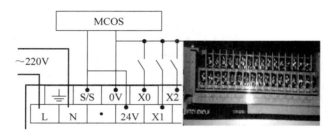

图 3-3 PLC 输入端

3.2 输出继电器 Y

PLC 的输出接口，由外部电源供电，外部连接接触器、电磁阀线圈、信号灯等输出执行元件，不同额定电压元件连接 PLC 时需要考虑输出端 COM 连接不同的电源，如图 3-4 所示。

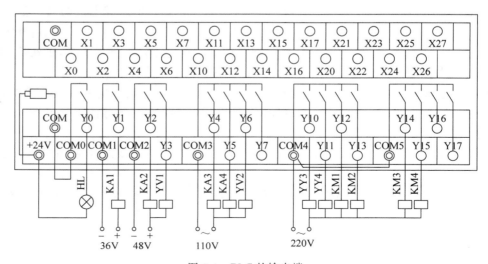

图 3-4 PLC 的输出端

（1）其表现形式是 Y＋数字,例如 Y1 代表 1 号输出继电器。输出继电器的表示是八进制的,也就是说数字里面不允许出现 8、9,可以表示为 Y0～Y7、Y10～Y17、Y20～Y27 等,具体的点数可以根据 PLC 的型号确定,例如 FX3U-48MR 表示输出点数为 48 的一半,也就是 24 个,则其表示方法为 Y0～Y7、Y10～Y17、Y20～Y27,其他的依次类推。

（2）当输出端连接执行元件时候,需要特别注意执行元件的电源,例如区分交流接触器线圈额定电压是 380V 还是 220V,指示灯使用的是 12V 还是 24V 或其他电源。同时需要注意端口的使用,如果需要使用 Y0～Y3,则需要连接 COM1；如果需要使用 Y0～Y4,则 COM1 和 COM2 都需要使用；如果它们使用的是相同的电源,可将 COM1 和 COM2 连接,否则需要单独供电。在实际使用过程中,PLC 应该单独供电,不可与输入端共用,避免电网涌动。

（3）相反过程,例如正转、反转需要在外部进行硬件电路的互锁,如图 3-5 所示。

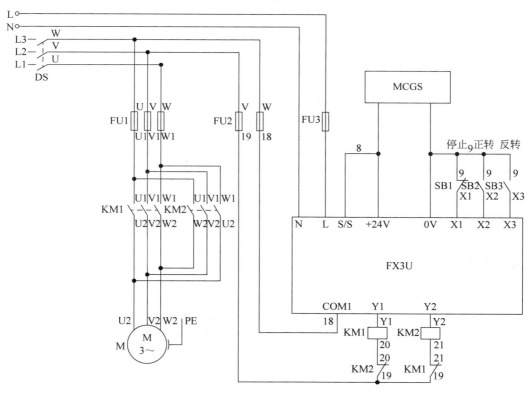

图 3-5　电机正反转 PLC 接线图

3.3　辅助继电器 M

辅助继电器 M 是十进制的软元件,通常可以分为 3 类：普通型、断电保持型和特殊型。常用的辅助继电器如表 3-3 所示。

表 3-3　常用辅助继电器的编号

类型	元件编号		功能和用途
普通型	M0～M499		共 500 点，用于存储程序的中间状态，不能直接驱动外部负载
断电保持型	M500～M3071		具有停电保持功能，停电后仍然可以保持断电之前的状态
特殊型	M8000～M8255	M8000	运行监控。当执行用户程序时为 ON；停止执行时为 OFF
		M8002	初始化脉冲，仅在 PLC 开始运行瞬间接通一个扫描周期
		M8005	锂电池电压降低指示，平时为 OFF，电压下降至临界值时变为 ON
		M8011	10ms 时钟脉冲
		M8012	100ms 时钟脉冲
		M8013	1s 时钟脉冲
		M8014	1min 时钟脉冲
		M8033	M8033 线圈得电时，PLC 由运行转入停止状态，寄存器保持其输出
		M8034	M8034 线圈得电时，全部输出都被禁止
		M8039	M8039 线圈得电时，PLC 以 D8039 中指定的扫描时间工作

① 普通型辅助继电器可以当作元件的标志，在后期解决双线圈或者复杂程序时起着极其重要的作用。

② 断电保持型辅助继电器能够实现突然断电时，依旧保持之前的状态，希望根据停电之前的状态进行控制时，可使用断电保持型辅助继电器。

控制要求：

电机再次起动时，前进方向与停电前的前进方向相同，现场条件如图 3-6 所示。

编程分析：

X000＝ON（左限）→M600＝ON→向右驱动→停电→平台中途停止→再次起动（M600＝ON）→X001＝ON（右限）→M600＝OFF、M601＝ON→向左驱动。

程序如图 3-7 所示。

③ 特殊型辅助继电器能够完成特定动作，特别是在流水灯中运用非常广泛的时间型辅助继电器，其中 M8011～M8014 系列结合开关元件使用，能在不调用时间继电器的前提下实现灯光闪烁。在后续编程中要充分借用这些便捷的软元件实现高效编程，例如实现按下 SB2 按钮，红灯以 1Hz 闪烁，松开 SB2 按钮，红灯停止闪烁，如图 3-8 所示。

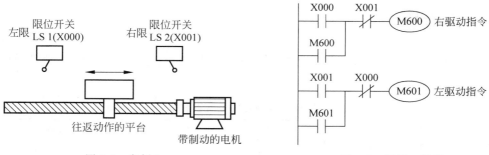

限位开关
左限
LS 1(X000)
限位开关
右限
LS 2(X001)
往返动作的平台
带制动的电机

图 3-6　案例 1

X000
X001
M600
右驱动指令
M600
X001
X000
M601
左驱动指令
M601

图 3-7　案例 1 程序

3
X002
M8013
Y004
SB2
1s时钟
红灯

图 3-8　辅助继电器的时钟运用

当程序中出现双线圈问题时，可以使用辅助继电器避免该问题，例如按下 SB2 按钮实现电机的连续运行，按下 SB3 按钮实现电机的点动运行，按下 SB1 按钮实现在连续运行时停止，如图 3-9 所示。

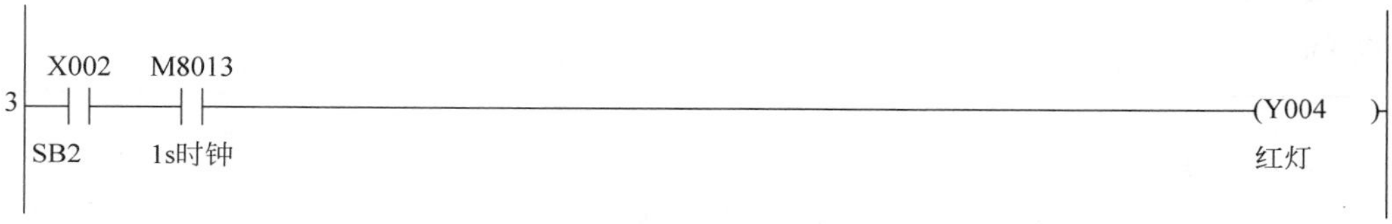

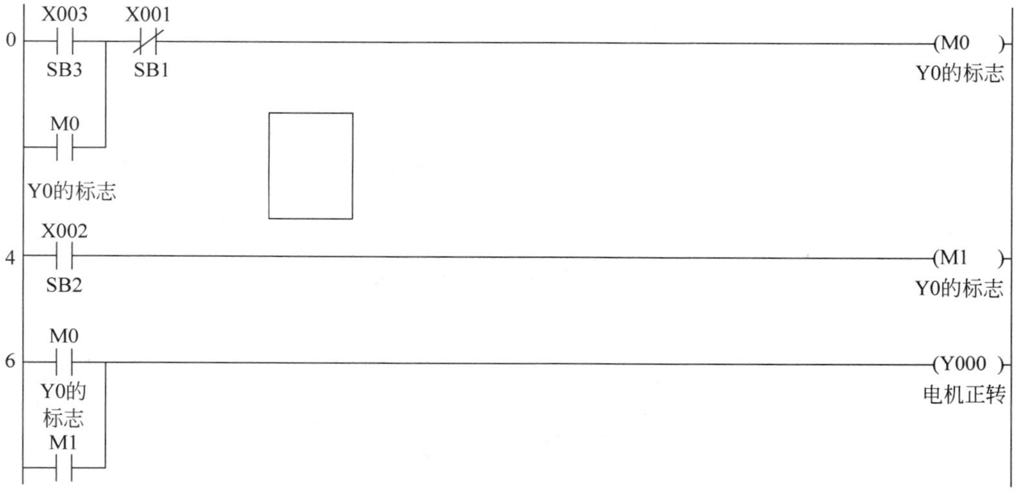

0
X003
X001
M0
SB3
SB1
Y0的标志
M0
Y0的标志
4
X002
M1
SB2
Y0的标志
6
M0
Y000
Y0的
标志
电机正转
M1

图 3-9　案例 2

3.4 定时器

定时器(T)是十进制的软元件，通常可以分为两类：常规定时器和积算定时器，如表 3-4 所示。

表 3-4 定时器的类型和编号

类型	编号	数量	时钟/ms	定时范围/s
常规定时器	T0～T199	200	100	0.1～3276.7
	T200～T245	46	10	0.01～327.67
	T256～T511	256	1	0.001～32.767
积算定时器	T246～T249	4	1	0.001～32.767
	T250～T255	6	100	0.1～3276.7

（1）表示方法。

在程序中用 T＋数字＋空格＋设定值表示，如 T0 K10 或者 T1 D0，代表的计时值 T＝计时精度×设定数值，则 T0 的数值＝100ms×10＝1s，T1 的数值＝100ms×D0 的数值，T1 的这种表现形式常用于需要设置时间为变量的程序中。

设定值的设置形式：

① 常数设置。

案例如图 3-10 所示，T10 是以 100ms（0.1s）为单位的定时器。将常数指定为 100，则为 0.1s×100＝ 10s 的定时器工作。

图 3-10　常数设置

② 间接设置。

案例如图 3-11 所示，间接指定数据寄存器的内容，或预先在程序中写入及通过数字式开关等输入。指定停电保持（电池保持）用寄存器的时候，如果电池电压下降，设定值有可能会变得不稳定，需要注意。

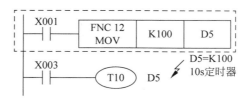

图 3-11　间接设置

（2）动作要点。

常规定时器：得电计时，失电清零，复电清零，到时吸合，失电断开；在程序中为了能够得到连续的计时，需长按计时，或者自锁使计时器一直得电进行计时。

积算定时器：得电计时，失电保持，复电继续，到时吸合，失电断开；如果想让积算定时器从0开始计，必须配合RST指令。

① 常规定时器。

程序如图3-12所示，当定时器线圈T200的驱动输入X000为ON时，T200用当前值计数器对10ms的时钟脉冲进行加法运算。如果这个值等于设定值K123，定时器的输出触点动作。也就是说，输出触点是在驱动线圈1.23s后开始做动作。驱动输入X000断开或停电时，定时器复位，并且输出触点也复位。

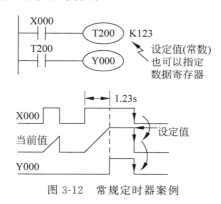

图 3-12　常规定时器案例

② 积算定时器。

程序如图3-13所示，当定时器线圈T250的驱动输入X001为ON时，T250用当前值计数器对100ms的时钟脉冲进行加法运算。如果这个值等于设定值K345，定时器的输出触点做动作。在计数过程中，即使出现输入X001变为OFF或停电的情况，再次运行时也能继续计数。其累计动作时间为34.5s。复位输入X002为ON时，定时器复位，并且输出触点也复位。

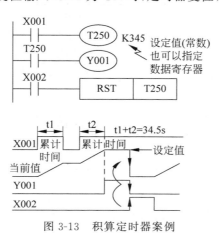

图 3-13　积算定时器案例

（3）常见案例。

延迟定时器如图 3-14 所示。

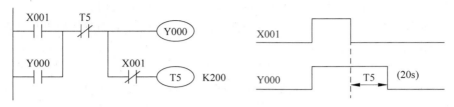

图 3-14　延迟定时器

闪烁定时器如图 3-15 所示。

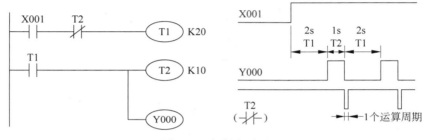

图 3-15　闪烁定时器

3.5　计数器

计数器（C）是十进制的软元件，通常分为 3 类：普通型、断电保护型和高速计数器，常见的计数器如表 3-5 所示。

表 3-5　计数器的类型和编号

类型			编号	备注
内部计数器	16 位加减计数器	普通型	C0～C99	计数设定值为－327671～32767
		断电保护型	C100～C199	
	32 位加减计数器	普通型	C200～C219	计数设定值为－2147483648～＋2147483647
		断电保护型	C220～C234	
高速计数器	1 相无启动/复位端子高速计数		C235～C245	用于高速计数器的输入端有 6 个（X0～X5），因此只有 6 个高速计数器可以同时工作
	1 相带启动/复位端子高速计数		C241～C245	
	1 相双计数输入		C246～C250	
	2 相双计数输入		C251～C255	

（1）表示方法。

在程序中用 C＋数字＋空格＋设定值表示，如 C0 K10 或者 C1 D0，代表 0 号计数器计数值 10，C1 的数值等于 D0 的数值，D1 这种表现形式常用于需要设置次数为变量的程序中。

（2）动作要点。

在一般情况下使用计数器，如果可编程控制器的电源断开，则计数值会被清零，但是在停电保持（电池保持）情况下使用计数器，计数器会记住停电之前的计数值，所以能够继续在上一次的值上累计计数。

普通型计数器：脉冲计次，失电清零，复电清零，到次吸合并保持，失电不释放，清零要用 RST；在程序中为了避免波动引起的计数错误，需要使用脉冲指令。

断电保持型计数器：脉冲计次，失电保持，复电继续，到次吸合并保持，失电不释放，清零要用 RST。

高速计数器：需要外接信号进行计次，可配合高速指令使用。

（3）16 位计数器设定值使用方法。

① 指定常数（K）。

常数（十进制常数）设置方式：

范围为 1～32767。

图 3-16 所示案例为计数 100 次。

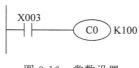

图 3-16　常数设置

② 间接指定。

间接指定数据寄存器的内容，或者在程序中预先写入及通过数字式开关等事先读入。指定了停电保持（电池保持）用寄存器的情况下，如果电池电压下降，设定值有可能会变得不稳定，需要注意。示例程序如图 3-17 所示。

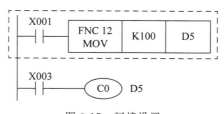

图 3-17　间接设置

（4）32 位计数器设定值使用方法。

① 指定常数（K）。

常数（十进制常数）设置方式：

范围为 -2147483648～+2147483647。

图 3-18 所示案例为计数 43210 次。

图 3-18 常数设置

② 间接指定。

间接指定用数据寄存器以 2 个为一个单位进行处理。

使用 32 位指令写入设定值，同时请注意数据寄存器不要与其他程序中所使用的重复。案例如图 3-19 所示。

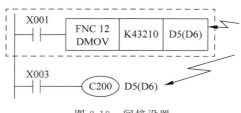

图 3-19 间接设置

（5）案例演示。

项目要求：按下 SB2 按钮 10 次，红灯点亮，按下 SB1 按钮红灯熄灭。程序如图 3-20 所示。

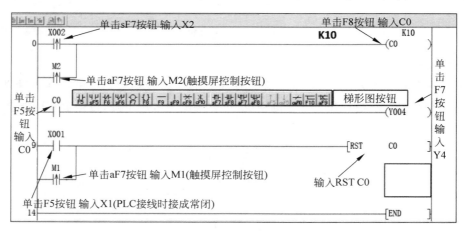

图 3-20 计数控制

（6）高数计数器的输入分配。

当使用编码器等高速元件时，要求使用指定的 X 口，在 FX3U 系列中输入口为 X000～X007，如表 3-6 所示进行分配。

使用高速计数器时，对应的基本单元输入编号的滤波器常数会自动变化（X0～X5：5μs，X6～X7：50μs）。但是，输入端子不作为高速计数器使用，可以作为一般的输入使用。

表 3-6 高速计数器输入接口分配

计数器编号	区分	输入端子的分配							
		X000	X001	X002	X003	X004	X005	X006	X007
C235①	H/W②	U/D							
C236①	H/W②		U/D						
C237①	H/W②			U/D					
C238①	H/W②				U/D				
C239①	H/W②					U/D			
C240①	H/W②						U/D		
C241	S/W	U/D	R						
C242	S/W			U/D	R				
C243	S/W					U/D	R		
C244	S/W	U/D	R					S	
C244(OP)③	H/W②							U/D	
C245	S/W			U/D	R				S
C245(OP)③	H/W②								U/D
C246①	H/W②	U	D						
C247	S/W	U	D	R					
C248	S/W				U	D	R		
C248(OP)①③	H/W②				U	D			
C249	S/W	U	D	R				S	
C250	S/W				U	D	R		S
C251①	H/W②	A	B						
C252	S/W	A	B	R					
C253①	H/W②				A	B	R		
C253(OP)③	S/W				A	B			
C254	S/W	A	B	R				S	
C255	S/W				A	B	R		S

注：H/W：硬件计数器，S/W：软件计数器，U：增计数输入，D：减计数输入，A：A相输入，B：B相输入，R：外部复位输入，S：外部启动输入

① 在这个高速计数器中，接线上有需要注意的事项。

② 与高速计数器用的比较置位复位指令(DHSCS，DHSCR，DHSZ，DHSCT)组合使用时，硬件计数器(H/W)变为软件。

③ 通过用程序驱动特殊辅助继电器可以切换使用的输入端子及功能。

④ 双相双计数的计数器通常为1倍计数。但是，如果和特殊辅助继电器组合使用，可以变成4倍计数。

3.6 数据寄存器

数据寄存器(D)用于存放各种数据的软元件，可以把它理解成抽屉，抽屉里面存放数字。FX3U 系列 PLC 中每个数据寄存器都是 16 位的(最高位为正、负符号位)，也可用两个

数据寄存器合并起来存储 32 位数据（最高位为正、负符号位）。通常数据寄存器可分为如表 3-7 所示的类别。

表 3-7　数据寄存器的类型和编号

类型	编号	点数
通用型数据寄存器	D0～D199	200
断电保持型数据寄存器	D200～D511	312
断电保持专用型数据寄存器	D512～D7999	7488
特殊数据寄存器	D8000～D8255	256

（1）基本指令中的数据寄存器。

指定数据寄存器中的内容为定时器和计数器的设定值。

指定数据寄存器中的内容作为各计数器和定时器的设定值进行动作。案例如图 3-21 所示。

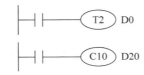

图 3-21　D 在计时计数中的应用

（2）应用指令中的数据寄存器。

我们以 MOV 指令的动作为例，讲解应用指令中的数据寄存器。

① 更改计数器的当前值。

计数器（C2）的当前值改成 D5 的内容，程序如图 3-22 所示。

图 3-22　D 在 MOV 中的应用

② 将定时器和计数器的当前值读取到数据寄存器中。

计数器（C10）的当前值被传送至 D4，程序如图 3-23 所示。

图 3-23　D 的存储功能

③ 数值保存在数据寄存器中。

将 200（十进制数）传送至 D10，80000（十进制数）传送至 D10（D11）。

由于超出 32767 的数值是 32 位的，所以使用 32 位运算。

数据寄存器指定了低位侧(D10)和高位侧(D11),程序如图 3-24 所示。

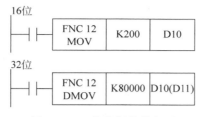

图 3-24 D 的数据传递应用

3.7 状态器

状态器(S)是构成状态转移图的重要元件,与后述的步进顺控指令配合使用,常见状态器如表 3-8 所示。

表 3-8 状态器的编号和功能

类型	元件编号	数量	功能和用途
初始型状态器	S0~S9	10	用于初始化
回零型状态器	S10~S19	10	返回原点使用
通用型状态器	S20~S499	480	没有断电保持功能
断电保持型状态器	S500~S899	400	失电时保持原来的状态不变
报警型状态器	S900~S999	100	与应用指令 ANS. ANR 配合,组成故障诊断和报警电路

(1) 使用方式。

如图 3-25 所示的工序步进控制中,启动信号 X000 为 ON 后,状态 S20 被置位(ON),下降用电磁阀 Y000 工作。其结果是,如果下限限位开关 X001 为 ON,状态 S21 置位(ON),夹紧用的电磁阀 Y001 工作。如果确认夹紧的限位开关 X002 为 ON,状态 S22 置位(ON)随着动作转移,状态被自动地复位(OFF)成移动前的状态。当可编程控制器的电源断开后,一般使用状态都变成 OFF。如果想要从停电前的状态开始运行,应使用断电保持型状态器。

(2) 停电保持用状态。

停电保持用状态的作用是,即使在可编程控制器的运行过程中断开电源,也能记住停电之前的 ON/OFF 状态,并且在再次运行的时候可以从中途的工序开始重新运行。可编程控制器中内置的后备用电池执行停电保持用状态。

将停电保持用状态作为一般使用状态使用时,应在程序的开头附近设置如图 3-26 所示的复位梯形图。

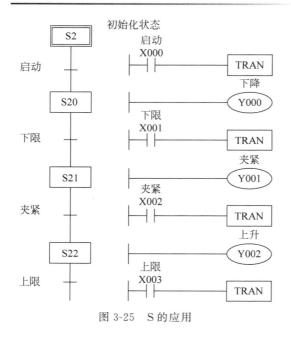

图 3-25 S 的应用

图 3-26 S 的初始化

3.8　变址寄存器

FX3U 系列 PLC 中有 16 个变址寄存器(V)，编号为 V0～V7 和 Z0～Z7，都是 16 位的寄存器。变址寄存器实际上是一种特殊的数据寄存器，作用类似计算机中的变址寄存器，用于改变元件的编号，变址寄存器有以下几种使用方式（注意编号的变化）。

（1）十进制数软元件、数值：M、S、T、C、D、R、KnM、KnS、P、K。

例如，V0＝K5，执行 D20V0 时，对编号为 D25(D20＋5)的软元件执行指令。此外，还可以修饰常数，指定 K30V0 时，被执行指令的是作为十进制的数值 K35(30＋5)。

（2）八进制数软元件：X、Y、KnX、KnY。

例如，Z1＝K8，执行 X0Z1 时，对编号为 X10(X0＋8：八进制数加法)的软元件执行指令。

对软元件编号为八进制数的软元件进行变址修饰时，V、Z 的内容也会被换算成八进制数后进行加法运算。因此，假定 Z1＝K10，X0Z1 被指定为 X12，务必注意此时不是 X10。

（3）十六进制数值：H。

例如，V5＝K30，指定常数 H30V5 时，被视为 H4E(30H＋K30)。此外，V5＝H30，指定常数 H30V5 时，被视为 H60(30H＋30H)。变址寄存器的编号如表 3-9 所示。

表 3-9　变址寄存器的编号

类型	编号	点数
变址寄存器	V0～V7	8
	Z0～ Z7	8

3.9 案例演示

1. 点动控制

项目要求: 按下 SB2 按钮电机正转, 松开 SB2 按钮电机停止。

I/O 分配表			
输入		输出	
元件	地址	元件	地址

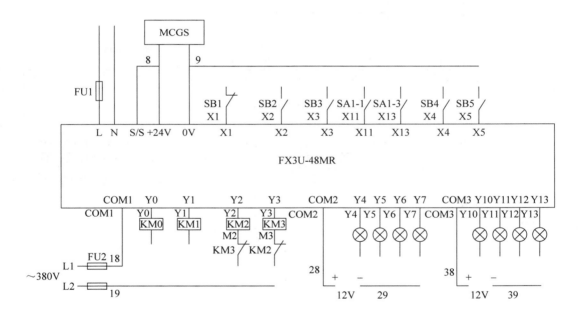

2．自锁控制

项目要求：按下 SB2 按钮电机正转，按下 SB1 按钮电机停止。

I/O 分配表			
输入		输出	
元件	地址	元件	地址

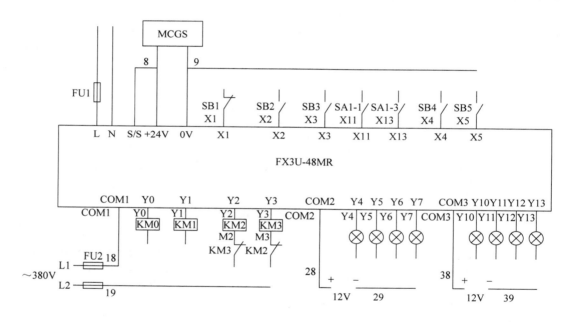

3. 互锁控制

项目要求：按下 SB2 按钮电机正转，按下 SB3 按钮电机反转，正反转切换需要先停止再进行切换。电机正转和电机反转不允许同时运行，按下 SB1 按钮时电机不运行。

I/O 分配表

输入		输出	
元件	地址	元件	地址

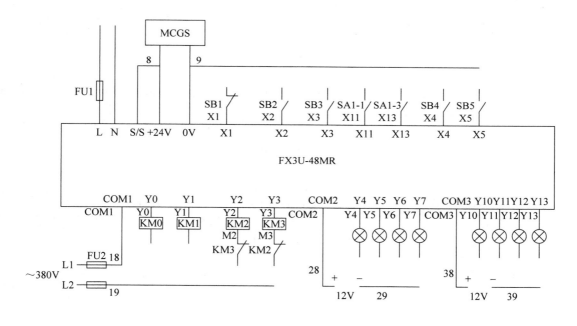

4. 延时接通

项目要求：按下 SB2 按钮红灯延时 2s 点亮，按下 SB1 按钮红灯灭。

I/O 分配表			
输入		输出	
元件	地址	元件	地址

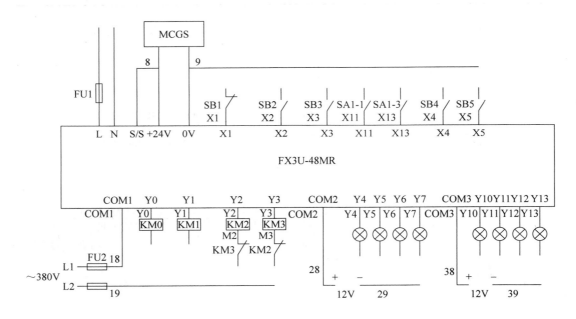

5. 延时断开

项目要求：按下 SB2 按钮红灯长亮，按下 SB1 按钮 2s 后红灯灭。

I/O 分配表			
输入		输出	
元件	地址	元件	地址

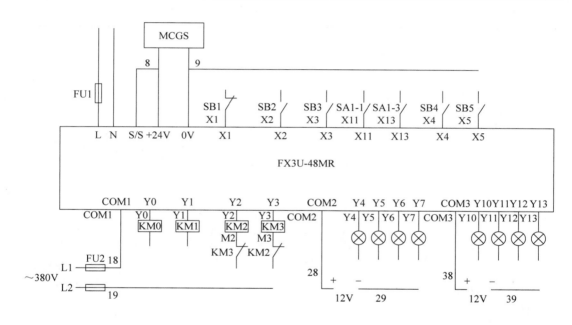

6. 双线圈控制

项目要求：按下 SB2 按钮红灯长亮，按下 SB3 按钮红灯亮，松开 SB3 按钮红灯灭（SB2 按钮与 SB3 按钮不同时按）。按下 SB1 按钮所有灯灭。

I/O 分配表			
输入		输出	
元件	地址	元件	地址

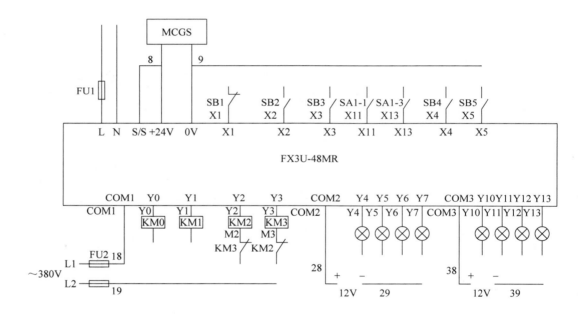

7．流水控制

项目要求：按下 SB2 按钮，红灯、绿灯、黄灯和白灯以 1Hz 依次点亮。按下 SB1 按钮所有灯灭（循环执行）。

I/O 分配表

输入		输出	
元件	地址	元件	地址

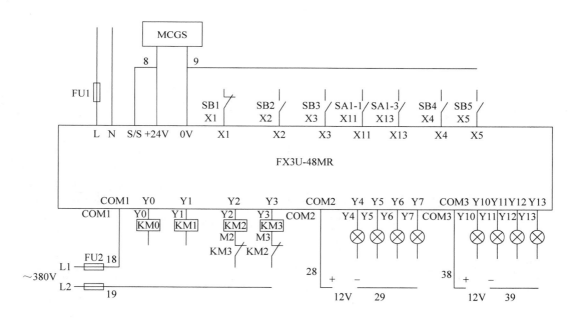

8. 逐一控制

项目要求：按下 SB2 按钮，红灯、绿灯、黄灯和白灯相隔 1s 逐一点亮。按下 SB1 按钮所有灯灭。

I/O 分配表			
输入		输出	
元件	地址	元件	地址

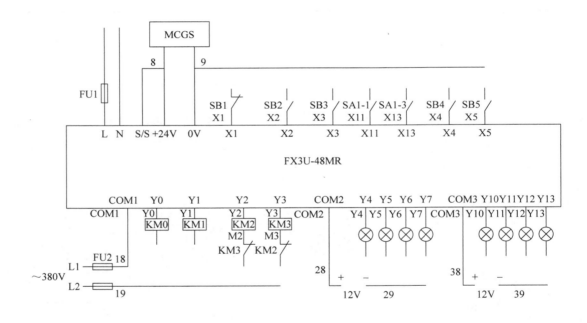

9. 时间设置

项目要求：按一次 SB2 按钮两灯的交替闪烁时间加 1s，按下 SB3 按钮红灯和绿灯开始交替闪烁。按下 SB1 按钮清零设置且灯不亮，交替间隔为 1s。

I/O 分配表

输入		输出	
元件	地址	元件	地址

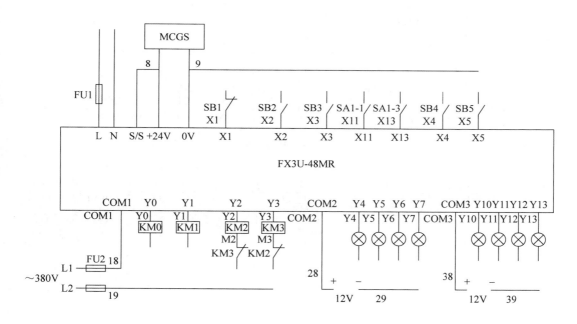

10. 点动计次

项目要求：按 10 次 SB2 按钮红灯亮，按下 SB1 按钮红灯灭。

I/O 分配表

输入		输出	
元件	地址	元件	地址

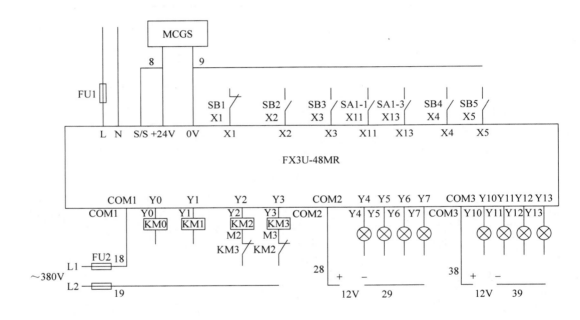

11. 流程计次

项目要求：按下 SB2 按钮时设置点亮次数加 1。设置好次数按下 SB3 按钮，红灯、绿灯间隔 1s 交替点亮。当点亮次数到达设置次数时两灯灭，按下 SB1 按钮时两灯灭。

I/O 分配表			
输入		输出	
元件	地址	元件	地址

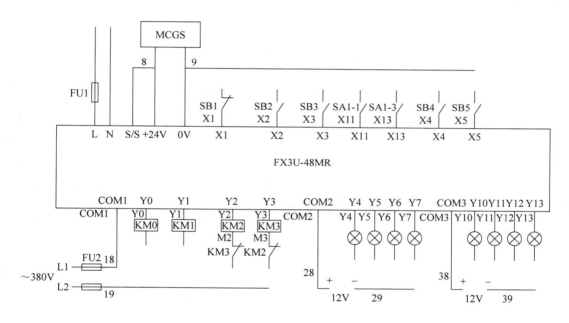

12．次数设置

项目要求：按一下 SB2 按钮，红灯闪烁次数加 1，按下 SB3 按钮红灯闪烁，当点亮次数达到设置的次数时不再闪烁。按下 SB1 按钮清零次数且灯灭。

I/O 分配表			
输入		输出	
元件	地址	元件	地址

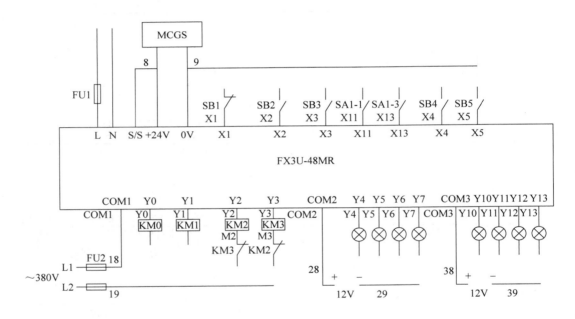

3.10 案例演示答案

1. 点动控制

项目要求：按下 SB2 按钮电机正转，松开 SB2 按钮电机停止。

<table>
<tr><th colspan="4">I/O 分配表</th></tr>
<tr><th colspan="2">输入</th><th colspan="2">输出</th></tr>
<tr><th>元件</th><th>地址</th><th>元件</th><th>地址</th></tr>
<tr><td>SB1</td><td>X1</td><td>电机正转</td><td>Y1</td></tr>
<tr><td></td><td></td><td></td><td></td></tr>
<tr><td></td><td></td><td></td><td></td></tr>
<tr><td></td><td></td><td></td><td></td></tr>
</table>

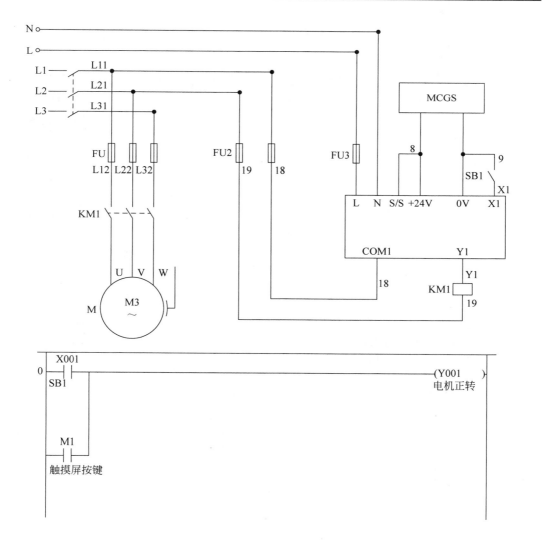

2. 自锁控制

项目要求：按下 SB2 按钮电机正转，按下 SB1 按钮电机停止。

I/O 分配表			
输入		输出	
元件	地址	元件	地址
SB1	X1	电机正转	Y1
SB2	X2		

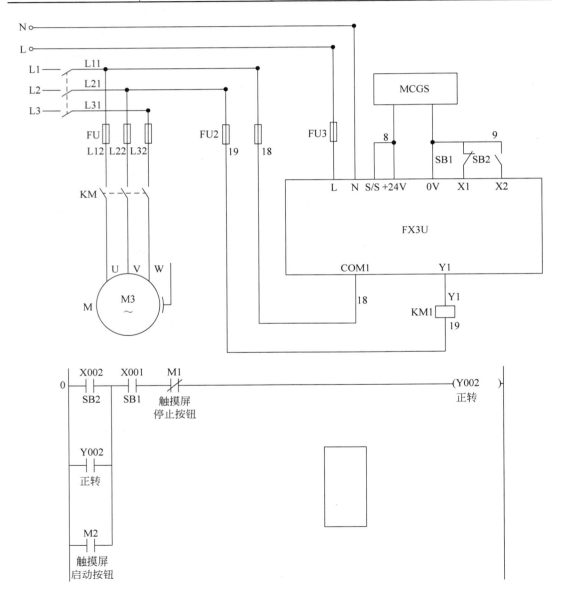

3. 互锁控制

项目要求：按下 SB2 按钮电机正转，按下 SB3 按钮电机反转，正反转切换需要先停止再进行切换。电机正转和电机反转不允许同时运行，按下 SB1 按钮时电机不运行。

I/O 分配表			
输入		输出	
元件	地址	元件	地址
SB1	X1	电机正转	Y1
SB2	X2	电机反转	Y2
SB3	X3		

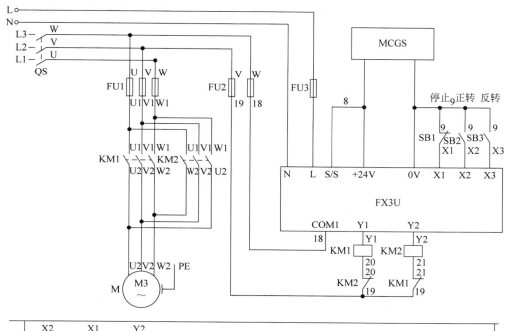

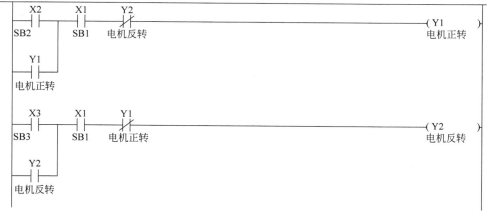

4. 延时接通

项目要求：按下 SB2 按钮红灯延时 2s 亮，按下 SB1 按钮红灯灭。

I/O 分配表			
输入		输出	
元件	地址	元件	地址
SB2	X2	红灯	Y4
SB1	X1		

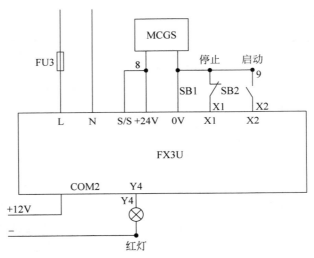

5. 延时断开

项目要求：按下 SB2 按钮红灯长亮，按下 SB1 按钮 2s 后红灯灭。

<table>
<tr><th colspan="4">I/O 分配表</th></tr>
<tr><th colspan="2">输入</th><th colspan="2">输出</th></tr>
<tr><th>元件</th><th>地址</th><th>元件</th><th>地址</th></tr>
<tr><td>SB2</td><td>X2</td><td>红灯</td><td>Y4</td></tr>
<tr><td>SB1</td><td>X1</td><td></td><td></td></tr>
<tr><td></td><td></td><td></td><td></td></tr>
<tr><td></td><td></td><td></td><td></td></tr>
</table>

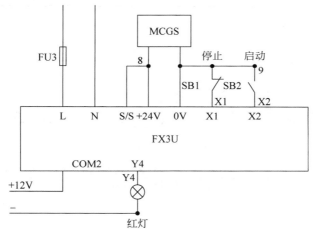

6. 双线圈控制

项目要求：按下 SB2 按钮红灯长亮，按下 SB3 按钮红灯亮，松开 SB3 按钮红灯灭（SB2 按钮与 SB3 按钮不同时按）。按下 SB1 按钮所有灯灭。

I/O 分配表

输入		输出	
元件	地址	元件	地址
SB1	X1	红灯	Y4
SB2	X2		
SB3	X3		

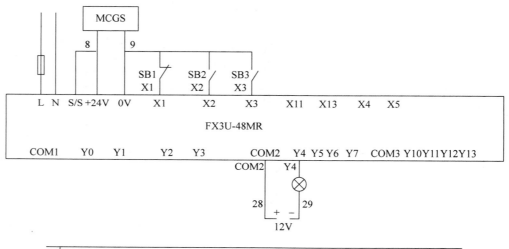

7. 流水控制

项目要求：按下 SB2 按钮，红灯、绿灯、黄灯和白灯以 1Hz 依次点亮。按下 SB1 按钮所有灯灭（循环执行）。

I/O 分配表			
输入		输出	
元件	地址	元件	地址
SB1	X1	红灯	Y4
SB2	X2	绿灯	Y5
		黄灯	Y6
		白灯	Y7

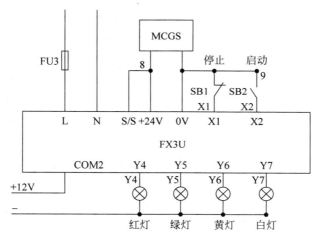

8. 逐一控制

项目要求：按下 SB2 按钮，红灯、黄灯、绿灯和白灯相隔 1s 逐一点亮。按下 SB1 按钮所有灯灭。

I/O 分配表

输入		输出	
元件	地址	元件	地址
SB1	X1	红灯	Y4
SB2	X2	绿灯	Y5
		黄灯	Y6
		白灯	Y7

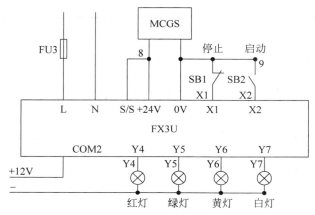

9. 时间设置

项目要求：按一次 SB2 按钮两灯的交替闪烁时间加 1s，按下 SB3 按钮红灯和绿灯开始交替闪烁。按下 SB1 按钮清零设置且灯不亮，交替间隔为 1s。

I/O 分配表

输入		输出	
元件	地址	元件	地址
SB1	X1	红灯	Y4
SB2	X2	绿灯	Y5

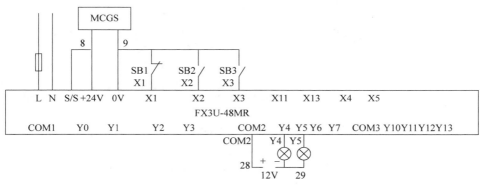

10. 点动计次

项目要求：按 10 次 SB2 按钮红灯亮，按下 SB1 按钮红灯灭。

I/O 分配表			
输入		输出	
元件	地址	元件	地址
SB1	X1	红灯	Y4
SB2	X2		

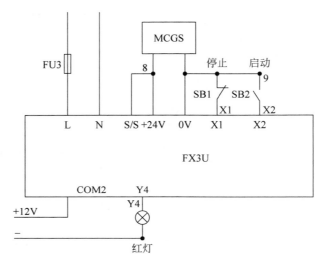

11. 流程计次

项目要求：按下 SB2 按钮时设置点亮次数加 1。设置好次数按下 SB3 按钮，红灯、绿灯间隔 1s 交替点亮。当点亮次数到达设置次数时两灯灭，按下 SB1 按钮时两灯灭。

I/O 分配表			
输入		输出	
元件	地址	元件	地址
SB1	X1	红灯	Y4
SB2	X2	绿灯	Y5
SB3	X3		

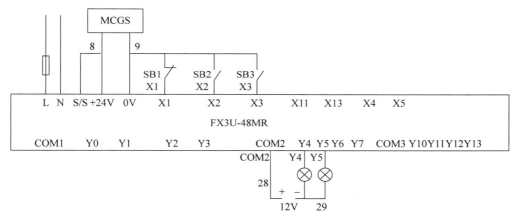

12. 次数设置

项目要求：按一下 SB2 按钮，红灯闪烁次数加 1，按下 SB3 按钮红灯闪烁，当点亮次数达到设置的次数时不再闪烁。按下 SB1 按钮清零次数且灯灭。

I/O 分配表			
输入		输出	
元件	地址	元件	地址
SB1	X1	红灯	Y4
SB2	X2		
SB3	X3		

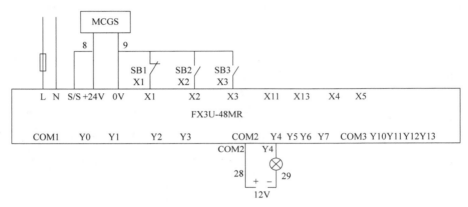

第 4 章

PLC 指令编程

PLC 编程可选用 3 种编程方式。

（1）指令表编程。

使用编程指令快速编程。

① 特点：高效、便捷，如果运用熟练，能大大提升编程速度，可以单独使用，也可以结合梯形图进行混合编程，提高初学者的编程效率。

② 列表显示实例如图 4-1 所示。

```
0    LD      X002
     X002    ＝SB2
1    OUT     Y004
     Y004    ＝红灯
2    END
```

图 4-1 指令表编程案例示意图

（2）梯形图编辑。

图形化编程，以梯形图符号＋软元件的形式进行 PLC 编程。

① 特点：类似拼图游戏，程序的内容更加容易理解。运用监视模式后能实时监测梯形图程序的运行状态。

② 梯形图显示实例如图 4-2 所示。

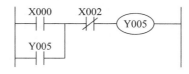

图 4-2 梯形图编程案例示意图

（3）SFC(STL 步进梯形图)编程。

图形化编程，可以根据机械的动作流程进行顺控设计的输入方式，如图 4-3 所示。

① 特点：直观、有序，能够快速地分辨 PLC 运行流程。

② SFC 程序与其他程序形式的互换性：指令表程序和梯形图程序可与 SFC 程序相互转换，如图 4-4 所示。3 种编程方式的示意图如图 4-5～图 4-7 所示。

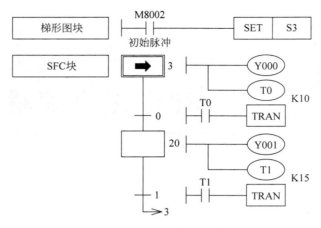

图 4-3 SFC 编程案例示意图

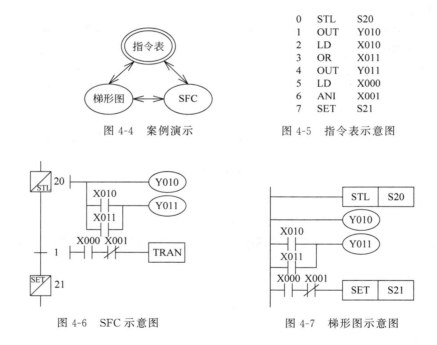

图 4-4 案例演示

```
0   STL   S20
1   OUT   Y010
2   LD    X010
3   OR    X011
4   OUT   Y011
5   LD    X000
6   ANI   X001
7   SET   S21
```

图 4-5 指令表示意图

图 4-6 SFC 示意图

图 4-7 梯形图示意图

4.1 常用 PLC 指令

4.1.1 LD、LDI、OUT 指令

（1）取指令 LD。

功能：取常用开触点与左母线相连，一般作为 PLC 编程开始第一步。

操作元件：X、Y、M、T、C、S、D。

通常在连接左母线的位置进行输入,也可以在除右母线之外的任何地方输入,这个时候,PLC会认为在输入块指令。

标准形式: ┤├─┤├─( )

表现形式: LD X2 或 LD X2 X001 也可以使用LD X1

形式解读:按下SB2按钮或按下SB1按钮(输入输出与元件对应规则请参考1.2.1节)。

(2)取反指令LDI。

功能:取常闭触点与左母线相连。

操作元件:X、Y、M、T。

表现形式: LDI X3 或 LDI X3 X004 也可以使用LDI X4

形式解读:按下SB3按钮停止或按下SB4按钮停止。

(3)驱动指令OUT(又称为输出指令)。

功能:驱动一个线圈,通常作为一个逻辑行的结束。

操作元件:Y、M、T、C、S、D。

当OUT指令的操作元件为定时器或计数器时,通常还需要一条常数设定语句。

OUT指令用于并行输出,能连续使用多次。

表现形式: ─────(Y000)
　　　　　　　　OUT Y0

形式解读:电机(Y0)正转。

4.1.2　AND、ANI、OR、ORI指令

(1)与指令AND。

功能:常开触点串联连接。

操作元件:X、Y、M、T、C、S、D。

标准形式: ┤├─┤├─┤├─( )

表现形式: LD X2 X001 AND X1 或 LD X2 X001 也可以使用LD X1

形式解读:SB2按钮与SB1按钮同时得电。

(2)与反转指令ANI。

功能:常闭触点串联连接。

操作元件：X、Y、M、T、C、S、D。

表现形式：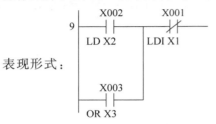

形式解读：按下 SB1 按钮停止（此时 PLC 外部连接 SB1 常开触点）。

（3）或指令 OR。

功能：常开触点并联连接。

操作元件：X、Y、M、T、C、S、D。

表现形式：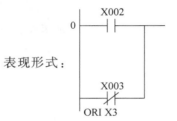

形式解读：按下 SB2 按钮或者 SB3 按钮。

（4）或反转指令 ORI。

功能：常闭触点并联连接。

操作元件：X、Y、M、T、C、S、D。

表现形式：

形式解读：按下 SB2 按钮或者松开 SB3 按钮（此时 PLC 外部连接 SB3 按钮常开触点）。

4.1.3　LDP、LDF、ANDP、ANDF、ORP、ORF 指令

脉冲沿指令时序图如图 4-8 所示。

图 4-8　脉冲沿时序图

（1）取脉冲上升沿指令 LDP。

功能：该指令用以检测连接到母线触点的上升沿，仅在指定软元件的上升沿（从 OFF 到 ON）时刻接通一个扫描周期。

操作元件：X、Y、M、T、C、S、D 等软元件的触点。

表现形式：
```
      X002
4 ┤├─┤↑├─
  LDP X2
```

形式解读：按下 SB2 按钮时也可以表示事件的开始，例如当车开到车库门之前。

（2）取脉冲下降沿指令 LDF。

功能：该指令用以检测连接到母线触点的下降沿，仅在指定软元件的下降沿（从 ON 到 OFF）时刻接通一个扫描周期。

操作元件：X、Y、M、T、C、S、D 等软元件的触点。

表现形式：
```
      X002
4 ┤├─┤↓├─
  LDP X2
```

形式解读：松开 SB2 按钮时也可以表示事件的结束，例如当车离开车库门之后。

（3）与脉冲上升沿指令 ANDP。

功能：该指令用以检测串联触点的上升沿，仅在指定串联软元件的上升沿（从 OFF 到 ON）时刻接通一个扫描周期。

操作元件：X、Y、M、T、C、S、D 等软元件的触点。

表现形式：
```
      X002      X001
9 ┤├─┤↓├──────┤↑├─
            ANDP X1
```

形式解读：松开 SB2 按钮且按下 SB1 按钮时。

（4）与脉冲下降沿指令 ANDF。

功能：该指令用以检测串联触点的下降沿，仅在指定串联软元件的下降沿（从 ON 到 OFF）时刻接通一个扫描周期。

操作元件：X、Y、M、T、C、S、D 等软元件的触点。

表现形式：
```
      X002      X001
9 ┤├─┤↓├──────┤↓├─
            ANDF X1
```

形式解读：松开 SB2 按钮且松开 SB1 按钮时。

（5）或脉冲上升沿指令 ORP。

功能：该指令用以检测并联触点的上升沿，仅在指定并联软元件的上升沿（从 OFF 到 ON）时刻接通一个扫描周期。

操作元件：X、Y、M、T、C、S、D 等软元件的触点。

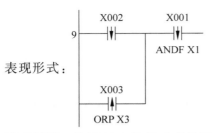

形式解读：松开 SB2 按钮或者按下 SB3 按钮时。

（6）或脉冲下降沿指令 ORF。

功能：该指令用以检测并联触点的下降沿，仅在指定并联软元件的下降沿（从 ON 到 OFF）时刻接通一个扫描周期。

操作元件：X、Y、M、T、C、S、D 等软元件的触点。

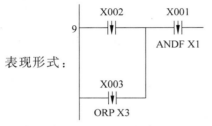

形式解读：松开 SB2 按钮且松开 SB3 按钮时。

4.1.4 逻辑块指令 ANB、ORB

（1）逻辑块与指令 ANB。

功能：两个以上的触点串联连接，xxB 与 LD(LDI)成对出现。

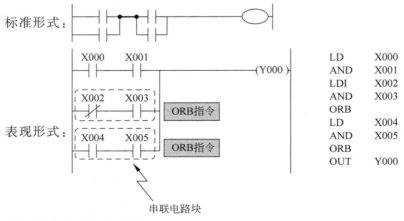

（2）逻辑块或指令 ORB。

功能：两个以上的触点并联连接的电路，xxB 与 LD(LDI)成对出现。

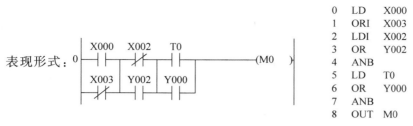

```
0   LD    X000
1   ORI   X003
2   LDI   X002
3   OR    Y002
4   ANB
5   LD    T0
6   OR    Y000
7   ANB
8   OUT   M0
```

在实际编程中,如果特别熟悉指令表示可以使用这个语句,如果不熟悉,用梯形图的方式进行编辑更便于理解。

4.1.5　SET、RST、ZRST 指令

(1) 置位指令 SET。

功能:使被操作的元件接通并保持。SET 指令使继电器置位吸合并保持,失电不释放,要使用 RST 指令才能强制复位释放。SET 指令和 RST 指令必须配合使用,如"SET Y10"表示使 Y10 继电器吸合并保持,直到执行"RST Y10"指令,Y10 继电器才能释放。

操作元件:Y、M、S、D。

表现形式:　　　　　　[SET　Y001　]
　　　　　　　　　　　　　　SET Y1

形式解读:Y1 一直得电。

(2) 复位指令 RST。

功能:使被操作的元件断开并保持。

操作元件:Y、M、T、C、S、D、D、V、Z。

表现形式:　　　　　　[RST　Y001　]
　　　　　　　　　　　　　　RST Y1

形式解读:Y1 失电。

编程时 SET 与 RST 同时使用,如图 4-9 所示。

图 4-9　SET 与 RST

(3) 区间复位指令 ZRST。

功能:指定区间内的继电器强制释放。

操作元件:Y、M、T、C、S、D、D、V、Z。

表现形式：

*"ZRST Y0 Y7"会使Y0～Y7共8个继电器强制释放

```
        X001
   18 ├──┤ ├──────────────────────────────────────[ZRST  Y000    Y007 ]
```

形式解读：Y0～Y7 同时停止。

常用指令如表 4-1 所示。

表 4-1　基本逻辑指令

序号	助记符	名称	功能和用途
1	LD	取	将常开触点连接到左侧的母线
2	LDI	取反	将常闭触点连接到左侧的母线
3	OUT	输出	驱动右侧母线的线圈
4	AND	与	常开触点串联
5	ANI	与反	常闭触点串联
6	OR	或	常开触点并联
7	ORI	或反	常闭触点并联
8	LDP	取脉冲上升沿	上升沿检出运算开始
9	LDF	取脉冲下降沿	下降沿检出运算开始
10	ANDP	与脉冲上升沿	上升沿检出串联
11	ANDF	与脉冲下降沿	下降沿检出串联
12	ORP	或脉冲上升沿	上升沿检出并联
13	ORF	或脉冲下降沿	下降沿检出并联
14	PLS	上升沿微分	上升沿微分输出
15	PLF	下降沿微分	下降沿微分输出
16	ANB	逻辑块与	并联电路块的串联
17	ORB	逻辑块或	串联电路块的并联
18	MC	主控	主控电路块的起点
19	MCR	主控复位	主控电路块的终点
20	SET	置位	线圈接通后保持
21	RST	复位	输出触点复位；当前值清零
22	MPS	进栈	将运算结果（或数据）压入栈寄存器
23	MRD	读栈	将栈的第一层内容读出
24	MPP	出栈	将栈的第一层内容弹出
25	INV	取反	将执行该指令之前的运算结果取反
26	NOP	空操作	无动作
27	END	结束	程序结束

4.2 PLC 编程注意事项

（1）母线连接。

梯形图的左右母线可看作电路的正负电源线。

① 左母线连接：软元件的触点、步进接点必须连接到左母线，触点之间可以并联、串联、混联（块电路）。左母线不得连接继电器线圈。

② 右母线连接：软元件的线圈必须连接到右母线，线圈的正确连接形式如图 4-10 所示。

单路驱动　　　并行驱动　　　纵接驱动　　　多路驱动

图 4-10　线圈驱动的连接形式

（2）线圈连接注意事项。

- 线圈之间不得串联；
- 梯形图中不得出现输入继电器 X 的线圈；
- 除去步进控制程序，在一个程序中不得重复出现同一个线圈（禁止双线圈驱动）；
- 尽量避免使用多路驱动，尤其是在步进控制中不得使用多路驱动；
- 在实际应用中，对于三相异步电机正反转等控制，除了 PLC 程序需加连锁控制以外，外部所连接的接触器也要加连锁控制。

（3）触点状态。

梯形图中所显示的继电器触点分合状态均为继电器线圈失电、继电器释放时触点的平常状态；PLC 接线图中显示的外部信号开关触点分合状态，均为开关未受外力时的平常状态。总之，梯形图或接线图中触点的通断状态均为"常态"。

设计梯形图时尽量使各继电器在初始状态下处于失电释放状态，便于设计分析。

（4）PLC 执行程序的顺序。

用梯形图编写的 PLC 用户程序转换成指令语句表时，按照梯形图中各元件、指令的排列位置，遵循从上至下、从左至右的顺序依次转换，程序运行时，也是依此顺序扫描执行。

（5）梯形图编程注意事项。

- 触点之间应紧密相连，否则程序可能无响应或者报错；
- 垂直线段应与触点紧密相连，否则转换后不会自动连接；
- 输入元件标号，注意不要将数字 0 误认为字母 O；
- 指令和操作数之间需留有空格；
- 输入计时器、计数器线圈时切记输入参数，而且标号和参数之间需留有空格；
- 梯形图中的交叉线即为连接线，这点与电路不同。

第 5 章

SFC 编程

5.1 步进控制与步进指令编程

5.1.1 步进控制

梯形图在编辑复杂工程的时候要求比较高,这个时候我们可以将程序划分成多个工序,每个工序完成相应的动作且条件满足时跳转到下一个工序,使用顺序功能图(Sequential Function Chart,SFC)实现顺控。SFC 程序可以迅速地理清编程思路,更加直观地监控程序的运行和编写,如图 5-1 所示。

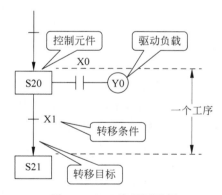

图 5-1　SFC 流程图示例

步进控制中每个工序需要包含 3 个要素:状态继电器、梯形图和转移条件,如表 5-1 所示。

表 5-1　步进控制中一个工序所包含的内容

内容	功　　能	指令
状态继电器	进入 SFC 编程,可以理解为工序	STL、Sn
梯形图	完成相对应工序中的动作	OUT、SET
转移条件	结束本工序且跳转到其他工序的条件	TRAN

如图 5-2 所示,例如我们现在运行到 31 号工序,这个时候与 31 号相连接的梯形图运行,直到 X001 得电后满足转移条件跳转到 32 号工序,此时与 32 号相连接的梯形图运行而 31 号工序停止运行(除了 SET 的对象为 Y31),直到满足下一个转移条件之后继续转移。

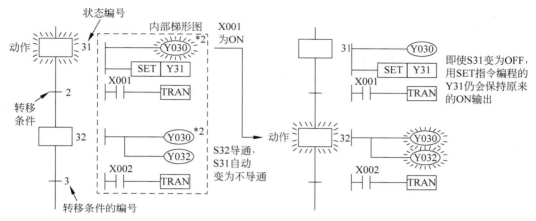

图 5-2　案例演示

状态转移图具有以下特点:

(1) 每个状态都是由一个状态元件控制的,以确保状态控制正常进行。

(2) 每个状态都具有驱动元件的能力,能够使该状态下要驱动的元件正常工作,当然不一定每个状态下一定要驱动元件,应视具体情况而定。

(3) 每个状态在转移条件满足时都会转移到下一个状态,而原状态自动切除。

5.1.2　状态继电器

状态元件是用于步进顺控编程的重要软元件,在这里可以理解成工序或者步骤。例如 S20 为 20 号状态继电器,即第 20 步或者第 20 个工序。FX3U 状态(S)的编号如表 5-2 所示。

表 5-2　FX3U 状态继电器的编号和功能

一般用	停电保持用 (电池保持)	固定停电保持专用 (电池保持)	信号报警器用
S0～S499 500 点 (S0～S9 作为初始化用)	S50～S899 400 点	S1000～S4095 3096 点	S900～S999 100 点
可以更改为停电保持 (保持)区域	可以更改为非停电保持 区域	不能通过参数进行改变 停电保持的特性	可以更改为非停电保持 区域

5.2　步进顺控指令

在梯形图编程中,状态器需要使用 SET S＋编号和 STL S＋编号的形式,可理解为 SET 代表去哪一步,STL 代表到某一步。

5.2.1　STL、RET 指令

（1）步进接点指令 STL。

STL 表示工序的开始。例如 STL S0 表示 0 号工序开始,此时 0 号工序内的梯形图被执行,如图 5-3 所示。

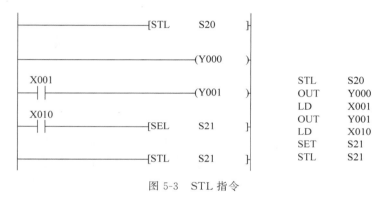

图 5-3　STL 指令

（2）步进返回指令 RET。

RET 代表步进结束,在梯形图中编步进程序需要在最后使用 RET 指令,如图 5-4 所示,但在 SFC 工程中编步进程序则无须使用 RET 指令。步进编程中的常用指令如表 5-3 所示。

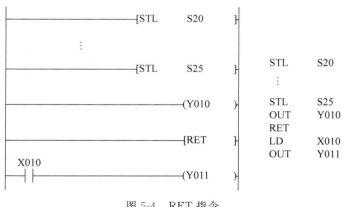

图 5-4　RET 指令

表 5-3 步进常用指令

分类	助记符	指令用途	梯形图
步进开始	STL	步进梯形图开始,加载步进接点	┤├┤
步进转移	SET	结束本工序,向目标工序转移	—[SET　　X0　]
步进返回	RET	步进返回,恢复到左母线	—[RET　]

5.2.2 常用特殊辅助继电器

M8002 用于在 PLC 上电瞬间进入 S0,但是 M8002 仅在 PLC 加电瞬间使用,也就是说 M8002 是一次性的,所以在复杂工控中,会在 M8002 下方添加另外的条件使 PLC 上电之后仍能进入 0 号工序。M8034 用于禁止 PLC 的输出,此时 PLC 仍能运行但是没有执行输出。M8040 用于强制中断步进程序的转移,此时 PLC 只停留在当前工序,不跳转,如表 5-4 所示。

表 5-4 常用特殊辅助继电器

继电器	特　点	应用示例
M8002	PLC 运行开始该继电器瞬间吸合	利用其常开触点,进入待机工序
M8034	该继电器被控吸合后,禁止全部输出	强制步进程序中断运行
M8040	该继电器被控吸合后,禁止步进转移	

5.2.3 编程要点

项目要求:按下 SB2 按钮后,电机正转,小车向前运动,2s 后小车向后运动,3s 后停止。

(1) 建立工序图。

初学者应当养成良好的工程习惯,所以在使用 SFC 编程的时候,需要先建立工序图,也就是将 PLC 项目一步一步地分解开,之后只需要填入相应的元件和程序就可以了。而对于工序图,我们需要明确每步需要做什么,每步结束的条件和跳转到下一步的条件是什么。

① 将 PLC 项目流程按照步骤分成各个工序,每个工序中要执行的动作用矩形框表示。

② 在矩形框右边,写出工序所包含的动作。

③ 工序之间用十字叉进行连接,如果需要跳转工序,则用十字叉+箭头表示。

④ 最后填写转移条件和目标工序。

按照上述的步骤，我们将项目控制要求进行步骤分解：

① 按下 SB2 按钮，电机正转，小车向前运动。

② 2s 后电机反转，小车向后运动。

③ 3s 后电机停止运行。

④ 再次启动后，重复上述动作。

对照工序图的步骤，我们可以依次进行程序的编写：

① 工序图如图 5-5 所示。

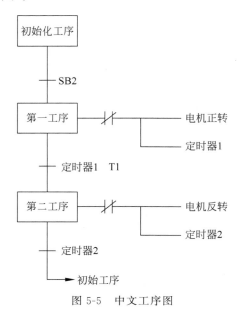

图 5-5　中文工序图

② 软元件的分配如图 5-6 所示。

画好了工序图，对工序图分配相应的 PLC 软元件便可完成 SFC 编程。

（2）在编程中，方框就相当于状态器（S），方框内序号为 0 则代表 S0。

给工序图中的矩形分配状态器，注意初始工序中需分配初始状态（S0～S9）。初始状态以后，从 S10 开始分配其他软元件，通常从 S20 开始分配，由于 PLC 软元件默认从 S10 开始，所以对于一般过程也可以从 S10 开始分配。如果使用 IST 指令，则必须从 S20 开始作为主流程工序的第 1 步，状态编号的大小与工序的顺序无关。在状态中，还包括即使停电也能记忆其动作状态的停电保持用状态，如图 5-7 所示。

① 在矩形框右侧按照执行要求分配对应的软元件；

② 结合项目 I/O 分配表，在转移条件处也就是十字叉处，分配相应的软元件（X、T、D、C 等）构成的条件。

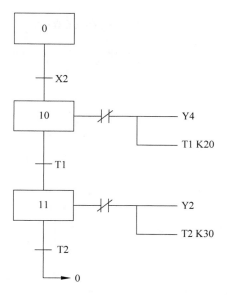

图 5-6 填入软元件

③ 在需要跳转工序的位置分配工序序号及相应的转移条件。

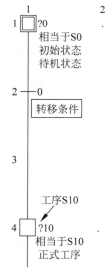

图 5-7 SFC 示例

上述只是说明了 SFC 块的编写步骤,在实际书写过程中还需要编写梯形图块的内容,例如使用 M8002 让 0 号状态器 S0 置位,急停程序也写在里面。

5.2.4　SFC 在 GX Developer 中的表示方法

在 SFC 编程过程中，需要建立两个编程块，一个是梯形图块，如图 5-8 所示，另一个是 SFC 块。

图 5-8　梯形图块

（1）在梯形图块中我们完成对项目的启动、停止和参数的设置。梯形图块中的参数都是全局变量，它会影响到 SFC 块中相同参数的状态，所以如果 SFC 中有输出，梯形图块中也有对应的输出，那么就会形成双线圈问题，这个问题在实际编程中必须避免。

（2）在 SFC 块中，我们需要完成指定工序所对应的执行动作和转移条件的设置。

操作流程：

① 单击□工具按钮，弹出"创建新工程"对话框。

② "PLC 系列"选择 FXCPU，即三菱系列。

③ "PLC 类型"选择 FX3U(C)，即 FX3U(C)类 PLC。

④ "程序类型"选择 SFC，在"工程名设定"中设置路径和工程名，如图 5-9 所示。

⑤ 单击"确定"按钮创建新工程，进入块信息设置编辑区。

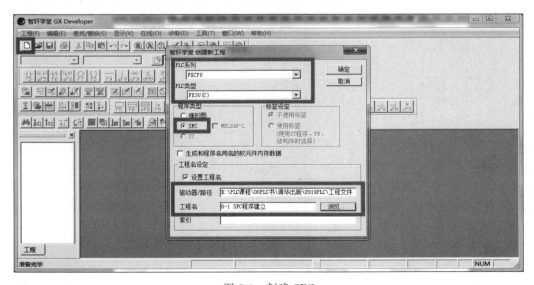

图 5-9　创建 SFC

⑥ 双击块标题下方表格，在"块标题"中输入"初始化"，"块类型"选择"梯形图块"，单击"执行"按钮建立梯形图块，如图 5-10 所示。

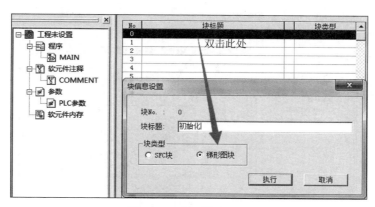

图 5-10　建立梯形图块

⑦ 可以直接在编辑界面的右侧编写梯形图程序,编写完毕之后,单击左侧的工程数据列表,双击"程序"之后双击 MAIN 即可跳转到图块编辑界面,如图 5-11 所示。

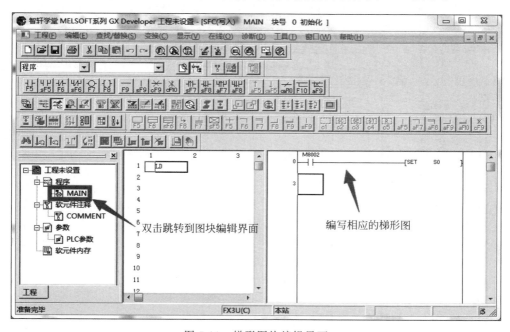

图 5-11　梯形图块编辑界面

⑧ 此时再次双击块标题下方表格,在"块标题"中输入"主程序","块类型"选择"SFC块",单击"执行"按钮建立 SFC 块,如图 5-12 所示。

⑨ 可以直接在 SFC 编辑界面的右侧编写 SFC 工序和工序执行内容,编写完毕之后,单击左侧的工程数据列表,双击"程序"之后双击 MAIN 即可跳转到图块编辑界面,如图 5-13 所示。

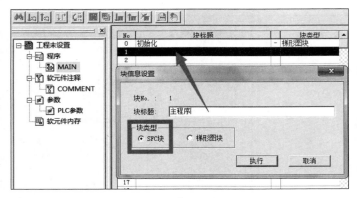

图 5-12　建立 SFC 块

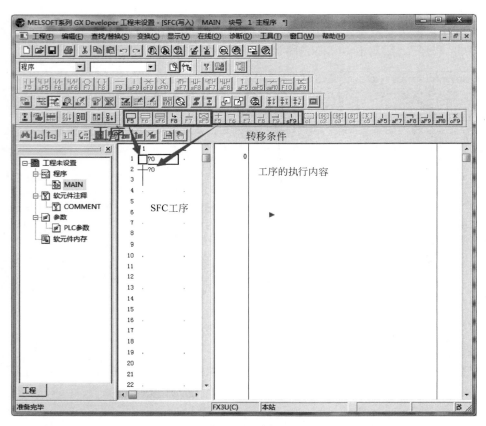

图 5-13　SFC 编辑界面

⑩ 程序编写好之后需进行变换，如果在 SFC 中没有单击"变换"，也可以跳转到块信息编辑框进行块变换，然后再将 PLC 程序写入 PLC，如图 5-14 所示。

关于 GX Developer 编程操作的详细内容，可参考 GX Developer 的操作手册，如图 5-15 所示。

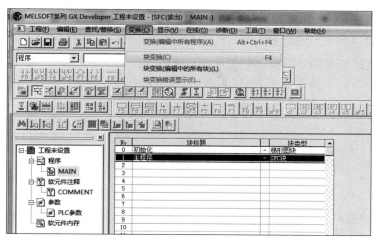

图 5-14 块变换

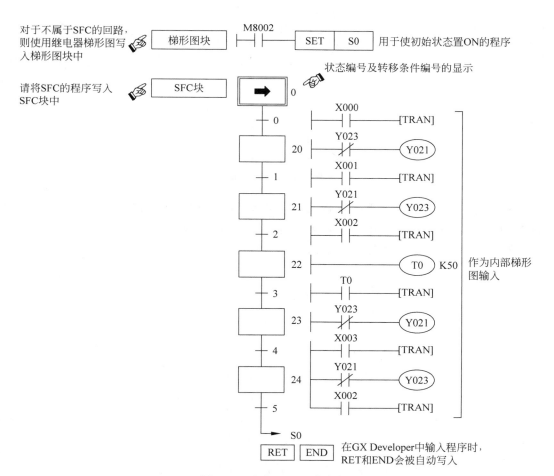

图 5-15 完整 SFC 程序案例

5.2.5 SFC编程注意事项

（1）如果使用步进指令编程，则"SET S＋编号"与"STL S＋编号"缺一不可，需成对使用。使用梯形图进行步进编程时，结尾必须用RET指令返回，如图5-16所示。

图 5-16　RET写法

（2）在状态转移过程中，一个扫描周期内可能会出现两个状态同时动作的情况，因此两个状态中不允许同时动作的驱动元件之间应进行连锁控制，如图5-17所示。

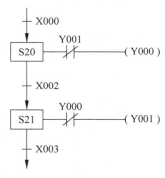

图 5-17　SFC互锁

（3）对同一个输出，继电器在不同状态时可以使用相同的输出，但是如果在梯形图块和SFC块中同时出现同一个输出的继电器，则会出现双线圈问题。

允许形式：梯形图块中无Y002，如图5-18所示。

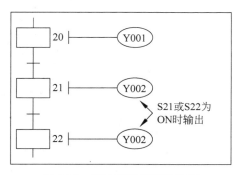

图 5-18　SFC双线圈问题处理

不允许形式：梯形图块和SFC块中都有Y000，如图5-19所示。

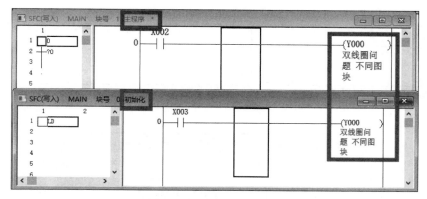

图 5-19　SFC 双线圈问题

（4）由于在一个扫描周期内，可能会出现两个状态同时动作，因此在相邻两个状态中不能出现同一个定时器，否则指令相互影响，定时器可能无法正常工作，如图 5-20 所示。

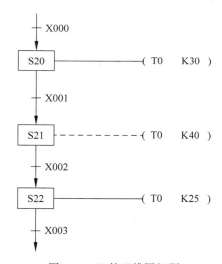

图 5-20　T 的双线圈问题

步进控制程序中，不同工序中允许出现同一个线圈，但是相邻工序中不得使用相同的计时器线圈，而相隔工序中可以使用相同的计时器线圈，节省计时器的用量。

（5）SFC 块中梯形图表现形式。

允许形式：

① 空输出型：只是为了跳出工序，不输出，如图 5-21 所示。

② 直接输出型：直接输出相应的输出继电器或者时间继电器，如图 5-22 所示。

③ 条件输出型：输出继电器之前有条件，如图 5-23 所示。

④ 混合型：当直接输出型与条件输出型在一起时，必须保证直接输出型在上方，条件输出型在下方，如图 5-24 所示。

图 5-21　空输出型

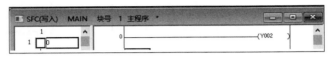

图 5-22　直接输出型

图 5-23　条件输出型

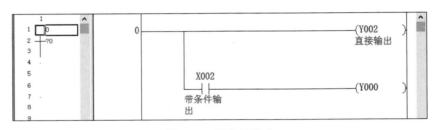

图 5-24　带条件输出

不允许形式如图 5-25 所示。

图 5-25　不允许的输出形式

5.3　步进控制程序类型

5.3.1　单流程

完成单一流程动作称为单流程。我们可以理解为家里有 3 个房间要打扫,先打扫客厅,然后打扫卧室,最后打扫厨房,按流程依次打扫。单流程的表现形式如图 5-26 所示。

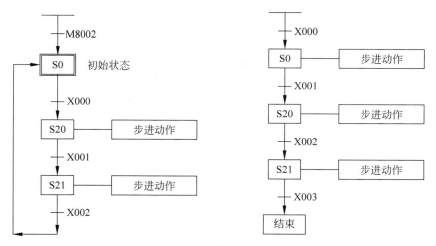

图 5-26　单流程控制

5.3.2　选择分支

当有多条路径,而只能选择其中一条路径执行时,这种分支方式称为选择分支。我们可以理解为家里有 3 个房间要打扫,早上打扫客厅,中午打扫卧室,晚上打扫厨房,分时段进行。选择分支的表现形式如图 5-27 所示。

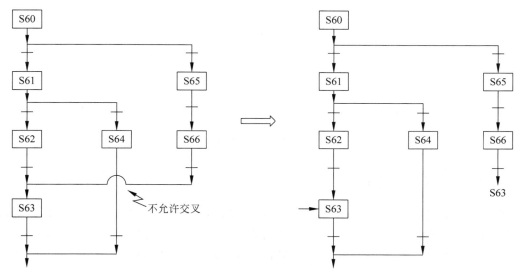

图 5-27　选择分支

5.3.3 并行分支

有多条路径,且多条路径同时执行称为并行分支。我们可以理解为家里有 3 个房间要打扫,同一时刻,爸爸打扫客厅,孩子打扫卧室,妈妈打扫厨房,同时进行。并行分支的表现形式如图 5-28 所示。

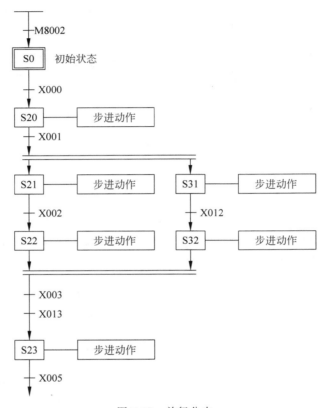

图 5-28 并行分支

5.3.4 循环结构

向前面状态进行转移的流程称为循环,用箭头指向转移的目标状态。使用循环流程可以实现一般流程的重复。我们可以理解为家里有 3 个房间要打扫,先打扫客厅,然后打扫卧室,但发现客厅和卧室没扫干净,需重新打扫,最后打扫厨房。循环的表现形式如图 5-29 所示。

5.3.5 跳转结构

向下面状态的直接转移或向系列外的状态转移称为跳转,用箭头符号指向转移的目标状态。我们可以理解为家里有 3 个房间要打扫,计划先打扫客厅,然后打扫卧室,最后打扫厨房,也可以跳过卧室直接打扫厨房。跳转的表现形式如图 5-30 所示。

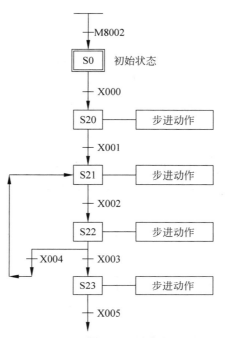

图 5-29 循环结构

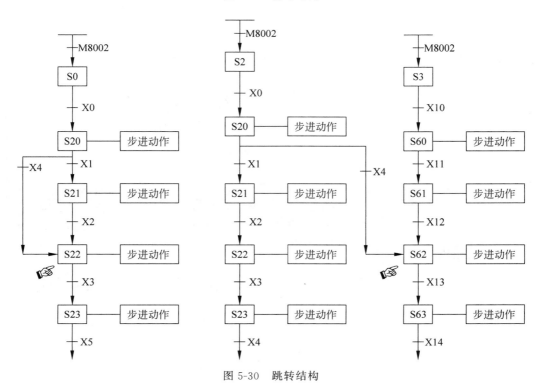

图 5-30 跳转结构

5.4 案例演示

比较复杂的控制过程可利用步进方式编程,将一个复杂的控制过程分解成多个简单的控制过程,每个工序完成一个小的程序,最终实现总的控制要求。步进控制的优点是每个工序相对独立,编程思路清晰。

1. 点动控制

项目要求：按下 SB2 按钮电机正转,松开 SB2 按钮电机停止。

I/O 分配表

输入		输出	
元件	地址	元件	地址

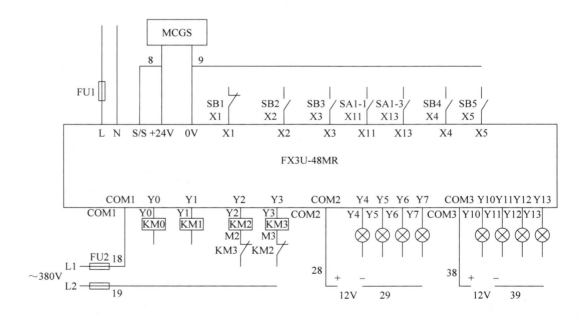

2．自锁控制

项目要求：按下 SB2 按钮电机正转，按下 SB1 按钮电机停止。

I/O 分配表

输入		输出	
元件	地址	元件	地址

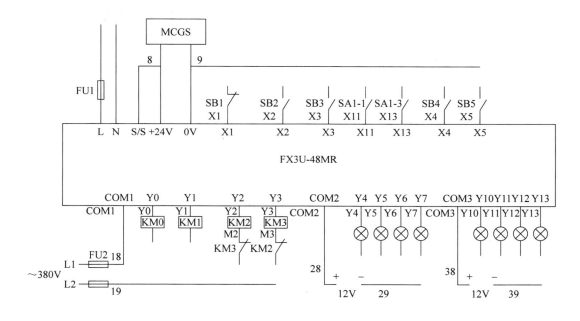

3. 互锁控制

项目要求：按下 SB2 按钮电机正转，按下 SB3 按钮电机反转，正反转切换需要先停止再进行切换。电机正转和电机反转不允许同时运行，按下 SB1 按钮时电机停止运行。

I/O 分配表

输入		输出	
元件	地址	元件	地址

4. 延时接通

项目要求：按下 SB2 按钮红灯延时 2s 点亮，按下 SB1 按钮红灯灭。

I/O 分配表			
输入		输出	
元件	地址	元件	地址

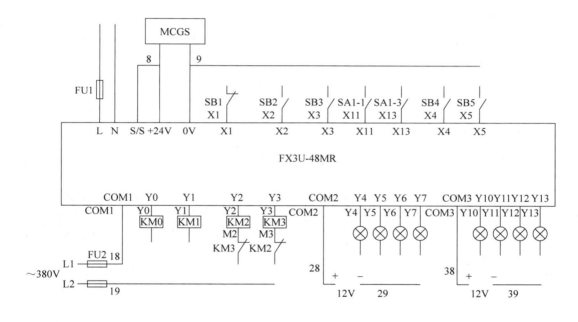

5. 延时断开

项目要求：按下 SB2 按钮红灯长亮，按下 SB1 按钮后 2s 后红灯灭。

I/O 分配表

输入		输出	
元件	地址	元件	地址

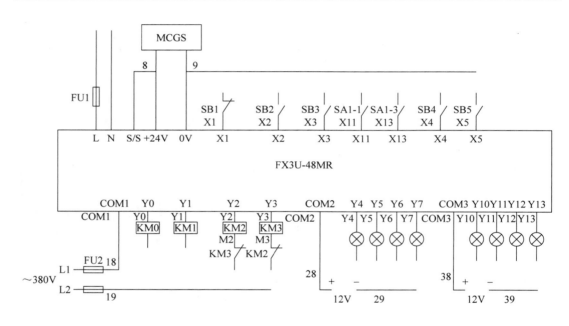

6. 双线圈控制

项目要求：按下 SB2 按钮红灯长亮，按下 SB3 按钮红灯亮，松开 SB3 按钮红灯灭（SB2 按钮与 SB3 按钮不同时按）。按下 SB1 按钮所有灯灭。

I/O 分配表			
输入		输出	
元件	地址	元件	地址

7. 流水控制

项目要求：按下 SB2 按钮，红灯、绿灯、黄灯和白灯以 1Hz 依次点亮。按下 SB1 按钮所有灯灭（循环执行）。

I/O 分配表

输入		输出	
元件	地址	元件	地址

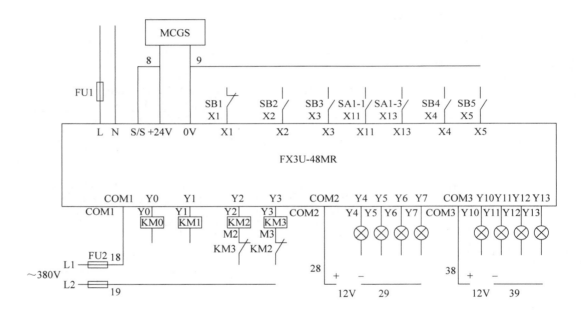

8．逐一控制

项目要求：按下 SB2 按钮，红灯、绿灯、黄灯和白灯相隔 1s 逐一点亮。按下 SB1 按钮所有灯灭。

I/O 分配表			
输入		输出	
元件	地址	元件	地址

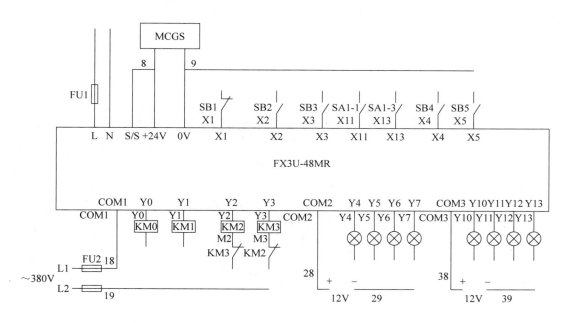

9. 时间设置

项目要求：按一次 SB2 按钮两灯的交替闪烁时间加 1s，按下 SB3 按钮红灯和绿灯开始交替闪烁。按下 SB1 按钮清零且灯不亮，交替间隔为 1s。

I/O 分配表			
输入		输出	
元件	地址	元件	地址

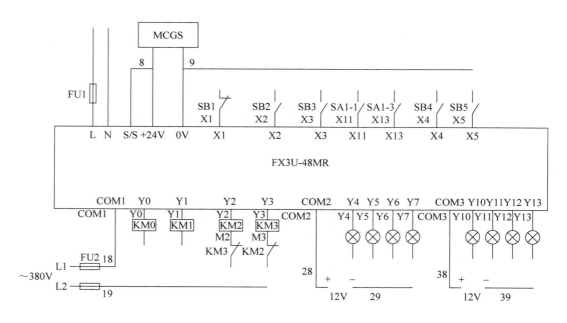

10．点动计次

项目要求：按 10 次 SB2 按钮红灯亮，按下 SB1 按钮红灯灭。

<table>
<tr><td colspan="4" align="center">I/O 分配表</td></tr>
<tr><td colspan="2" align="center">输入</td><td colspan="2" align="center">输出</td></tr>
<tr><td align="center">元件</td><td align="center">地址</td><td align="center">元件</td><td align="center">地址</td></tr>
<tr><td></td><td></td><td></td><td></td></tr>
<tr><td></td><td></td><td></td><td></td></tr>
<tr><td></td><td></td><td></td><td></td></tr>
</table>

11. 流程计次

项目要求：当按下 SB2 按钮时设置点亮次数加 1。设置好次数后按下 SB3 按钮，红灯、绿灯交替点亮（间隔为 1s）。当点亮次数到达设置次数时两灯灭。当按下 SB1 按钮时两灯灭。

I/O 分配表			
输入		输出	
元件	地址	元件	地址

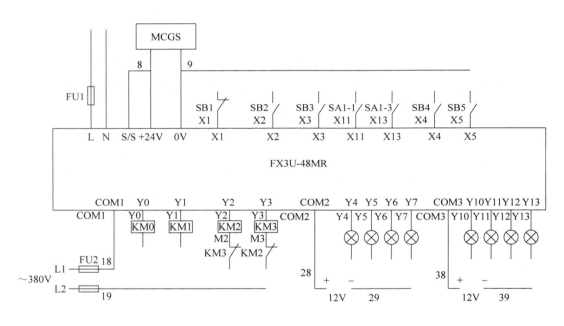

12．次数设置

项目要求：按一下 SB2 按钮，红灯闪烁次数加 1，按下 SB3 按钮红灯闪烁，当点亮次数达到设置的次数时不再闪烁。按下 SB1 按钮清零且灯灭。

I/O 分配表

输入		输出	
元件	地址	元件	地址

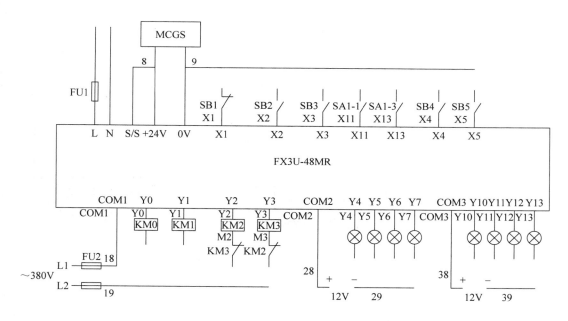

13. 并行分支

项目要求：按下 SB2 按钮电机启动正转，红灯、绿灯、黄灯、白灯依次闪烁（间隔为 1s）。电机转动时灯依次闪烁不能停止。按下 SB1 按钮电机停止转动，灯停止闪烁。

I/O 分配表

输入		输出	
元件	地址	元件	地址

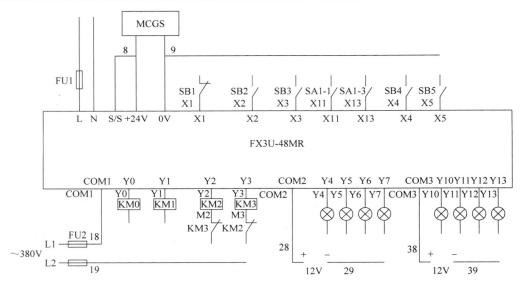

14．选择控制

项目要求：按下 SB2 按钮，一号电机启动 2s 后停止。按下 SB3 按钮，二号电机启动 3s 后停止。两电机不能同时启动，按一下 SB1 按钮两个电机停止工作。

I/O 分配表

输入		输出	
元件	地址	元件	地址

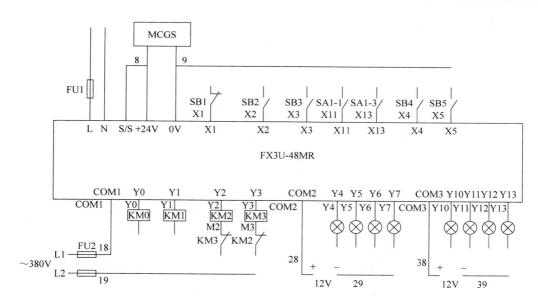

5.5 案例演示答案

1. 点动控制

项目要求：按下 SB2 按钮电机正转，松开 SB2 按钮电机停止。

I/O 分配表			
输入		输出	
元件	地址	元件	地址
SB1	X1	电机正转	Y1

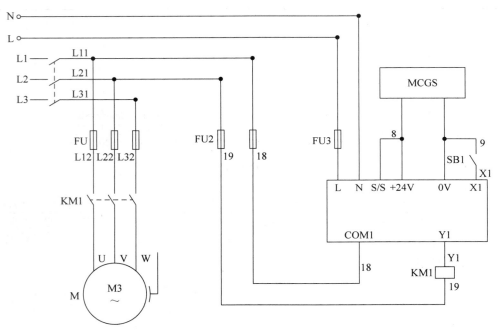

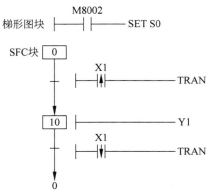

2．自锁控制

项目要求：按下 SB2 按钮电机正转，按下 SB1 按钮电机停止。

I/O 分配表			
输入		输出	
元件	地址	元件	地址
SB1	X1	电机正转	Y1
SB2	X2		

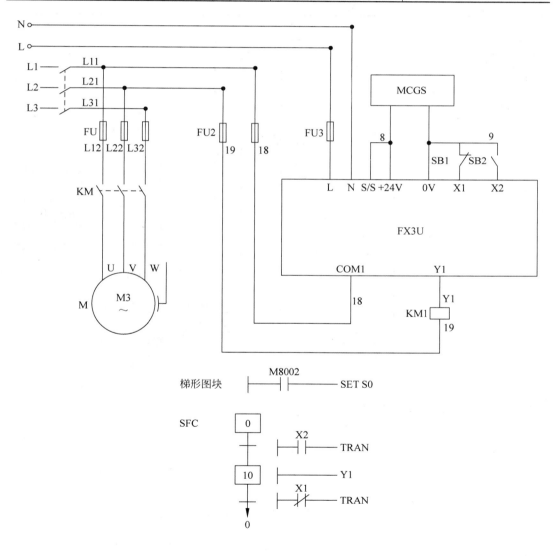

3. 互锁控制

项目要求：按下 SB2 按钮电机正转，按下 SB3 按钮电机反转，正反转切换需要先停止再进行切换。电机正转和电机反转不允许同时运行，按下 SB1 按钮时电机停止运行。

I/O 分配表			
输入		输出	
元件	地址	元件	地址
SB1	X1	电机正转	Y1
SB2	X2	电机反转	Y2
SB3	X3		

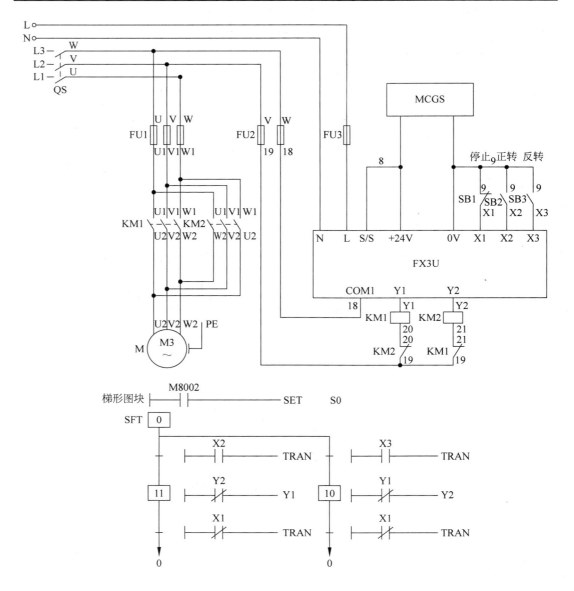

4. 延时接通

项目要求：按下 SB2 按钮红灯延时 2s 点亮，按下 SB1 按钮红灯灭。

I/O 分配表			
输入		输出	
元件	地址	元件	地址
SB2	X2	红灯	Y4
SB1	X1		

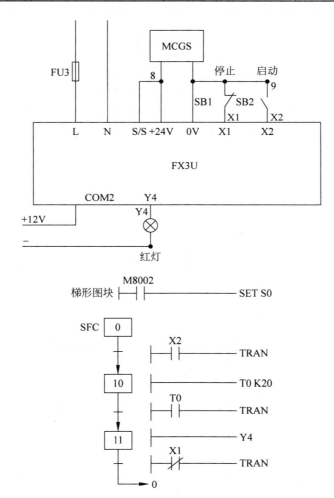

5. 延时断开

项目要求：按下 SB2 按钮红灯常亮，按下 SB1 按钮后 2s 后红灯灭。

I/O 分配表			
输入		输出	
元件	地址	元件	地址
SB2	X2	红灯	Y4
SB1	X1		

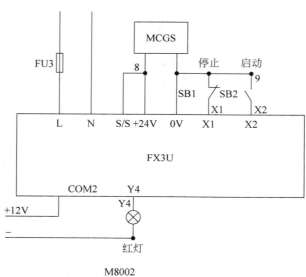

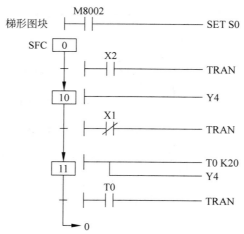

6．双线圈控制

项目要求：按下 SB2 按钮红灯长亮，按下 SB3 按钮红灯亮，松开 SB3 按钮红灯灭（SB2 按钮与 SB3 按钮不同时按）。按下 SB1 按钮所有灯灭。

I/O 分配表

输入		输出	
元件	地址	元件	地址
SB1	X1	红灯	Y4
SB2	X2		
SB3	X3		

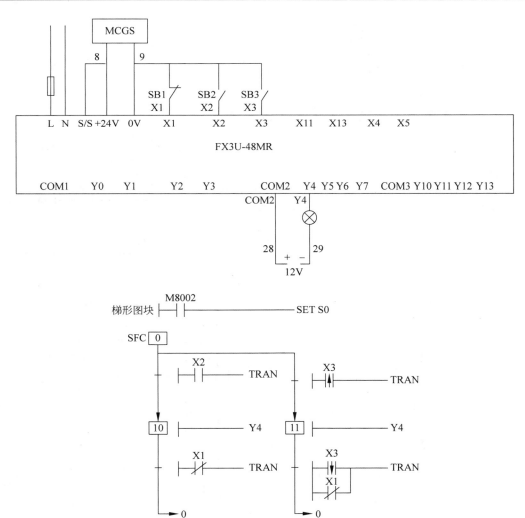

7. 流水控制

项目要求：按下 SB2 按钮，红灯、绿灯、黄灯和白灯以 1Hz 依次点亮。按下 SB1 按钮所有灯灭（循环执行）。

I/O 分配表			
输入		输出	
元件	地址	元件	地址
SB1	X1	红灯	Y4
SB2	X2	绿灯	Y5
		黄灯	Y6
		白灯	Y7

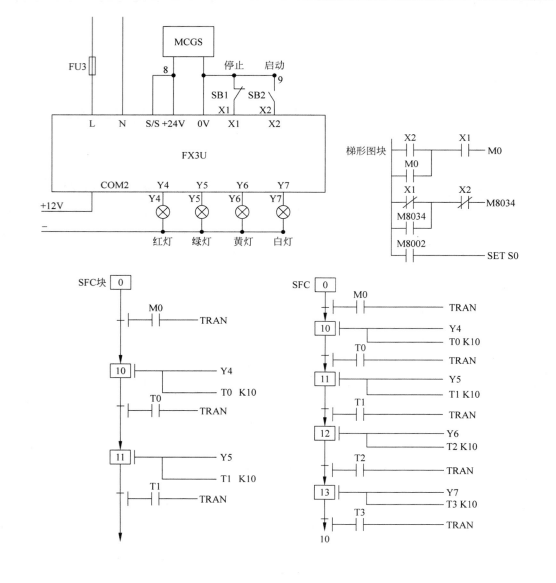

8.逐一控制

项目要求：按下 SB2 按钮,红灯、绿灯、黄灯和白灯相隔 1s 逐一点亮。按下 SB1 按钮所有灯灭。

I/O 分配表			
输入		输出	
元件	地址	元件	地址
SB1	X1	红灯	Y4
SB2	X2	绿灯	Y5
		黄灯	Y6
		白灯	Y7

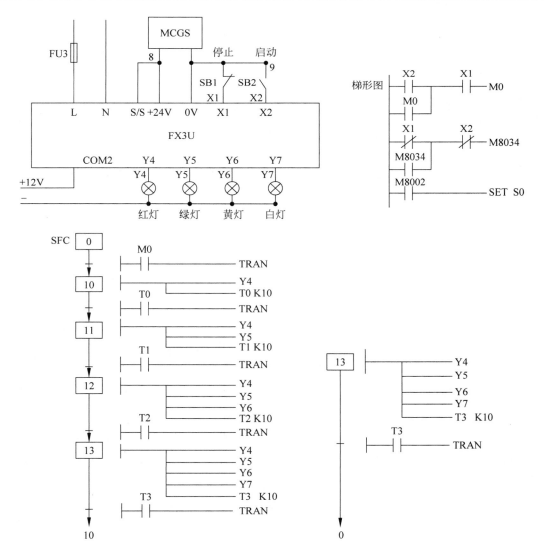

9. 时间设置

项目要求：按一次 SB2 按钮两灯的交替闪烁时间加 1s,按下 SB3 按钮红灯和绿灯开始交替闪烁。按下 SB1 按钮清零设置且灯不亮,默认交替间隔为 1s。

I/O 分配表			
输入		输出	
元件	地址	元件	地址
SB1	X1	红灯	Y4
SB2	X2	绿灯	Y5

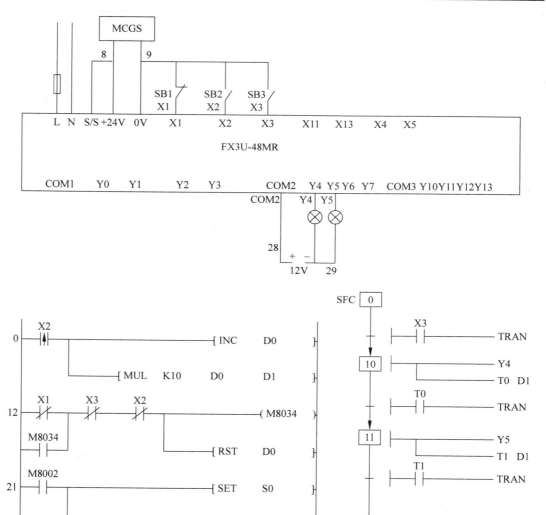

10. 点动计次

项目要求：按 10 次 SB2 按钮红灯亮，按下 SB1 按钮红灯灭。

I/O 分配表			
输入		输出	
元件	地址	元件	地址
SB1	X1	红灯	Y4
SB2	X2		

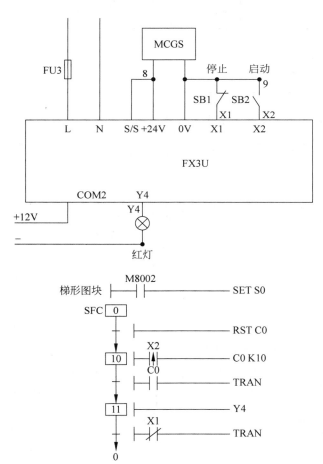

11. 流程计次

项目要求：当按下 SB2 按钮时设置点亮次数加 1。当设置好次数按下 SB3 按钮，红灯、绿灯交替点亮（间隔为 1s）。当点亮次数到达设置次数时两灯灭。当按下 SB1 按钮时两灯灭。

I/O 分配表			
输入		输出	
元件	地址	元件	地址
SB1	X1	红灯	Y4
SB2	X2	绿灯	Y5
SB3	X3		

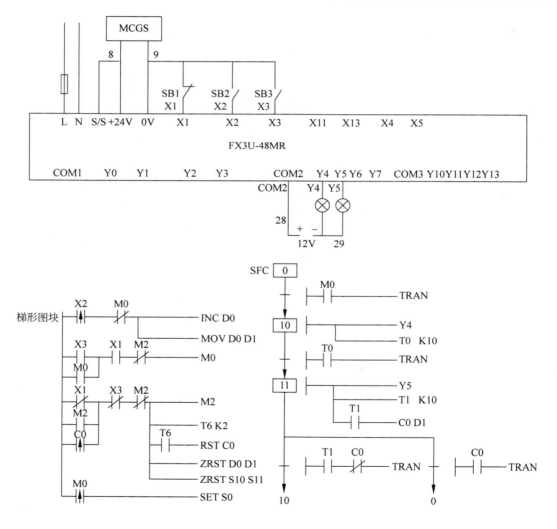

12. 次数设置

项目要求：按一下 SB2 按钮，红灯闪烁次数加 1，按下 SB3 按钮红灯闪烁，当点亮次数达到设置的次数时不再闪烁。按下 SB1 按钮清零且灯灭。

I/O 分配表

输入		输出	
元件	地址	元件	地址
SB1	X1	红灯	Y4
SB2	X2		
SB3	X3		

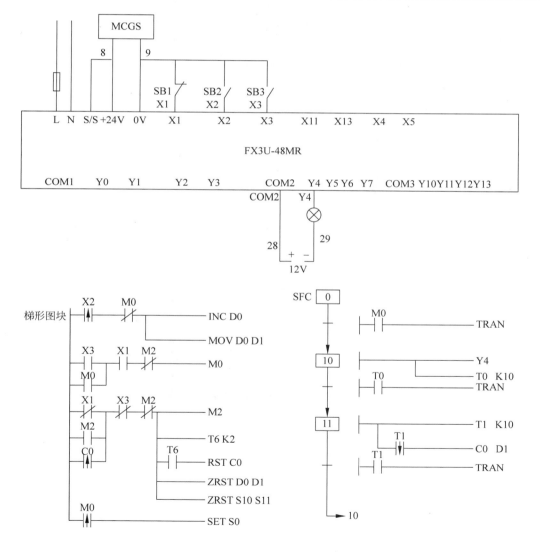

13．并行分支

项目要求：按下 SB2 按钮电机启动正转。红灯、绿灯、黄灯、白灯依次闪烁（间隔为 1s）。电机转动时灯依次闪烁不能停止。按下 SB1 按钮电机停止转动,灯停止闪烁。

I/O 分配表

输入		输出	
元件	地址	元件	地址
SB1	X1	红灯	Y4
SB2	X2	绿灯	Y5
		黄灯	Y6
		白灯	Y7
		电机	Y2

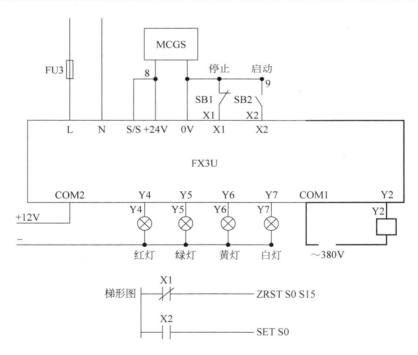

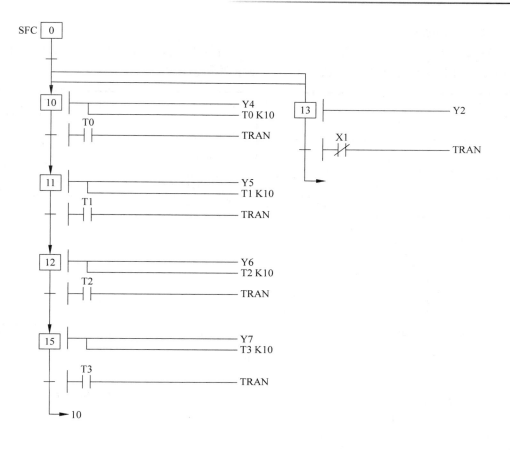

14. 选择控制

项目要求：按下 SB2 按钮，一号电机启动 2s 后停止。按下 SB3 按钮，二号电机启动 3s 后停止。两电机不能同时启动，按一下 SB1 按钮两个电机停止工作。

I/O 分配表

输入		输出	
元件	地址	元件	地址
SB1	X1	一号电机	Y1
SB2	X2	二号电机	Y2
SB3	X3		

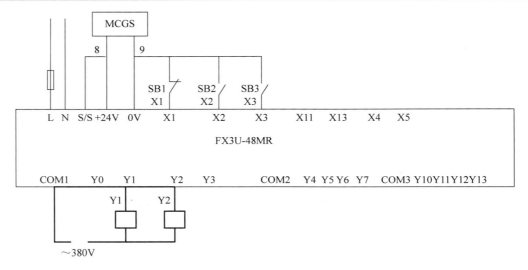

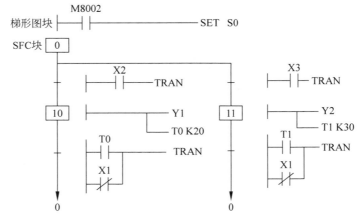

第6章

触摸屏控制

触摸屏的使用能够大大地增加人机交互的协调性,实时监控机器的运行状态、进行参数的设置等。本章介绍 MCGS,也就是昆泰触摸屏的使用。

6.1 MCGS 与 PLC 的连接

(1) 打开 MCGS 组态环境,新建一个 MCGS 工程,在用户编辑窗口中将会出现如图 6-1 所示的界面。单击"设备窗口"进入设备窗口设置。

图 6-1 工作台窗口

(2) 设备窗口打开后如图 6-2 所示。

(3) 单击"工具箱"按钮打开工具箱,如图 6-3 所示。

(4) 双击"通用串口父设备",再双击"三菱 FX3U 系列编程口"设置设备组态,如图 6-4 所示。如果没有出现如图 6-4 所示的选项可以单击"设备管理",在里面选择对应的 PLC 和编程口。

(5) 双击设备组态中的"通用串口父设备 0",将通用串口设备的数据改成正确的数据,例如串口端口号需改成本机串口号,如图 6-5 所示,CPU 的类型改成 FX3UCPU,如图 6-6 所示。

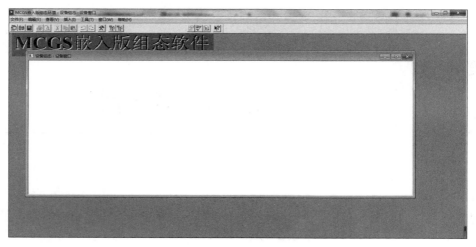

图 6-2　设备窗口

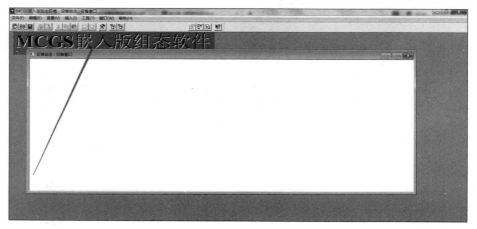

图 6-3　打开工具箱

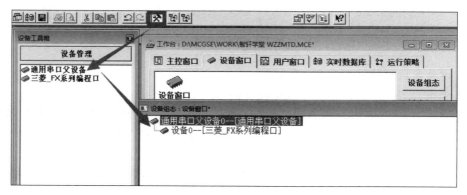

图 6-4　设置设备组态

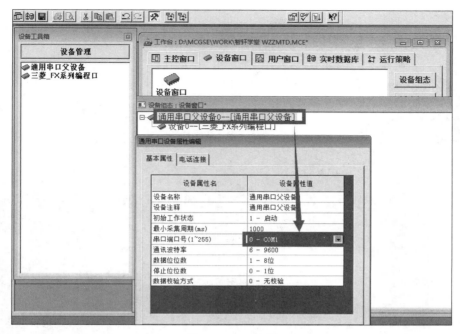

图 6-5 串口选择

图 6-6 CPU 类型选择

6.2 写入与读取 PLC 数据

（1）单击"工程"菜单项，新建工程文件，如图 6-7 所示。

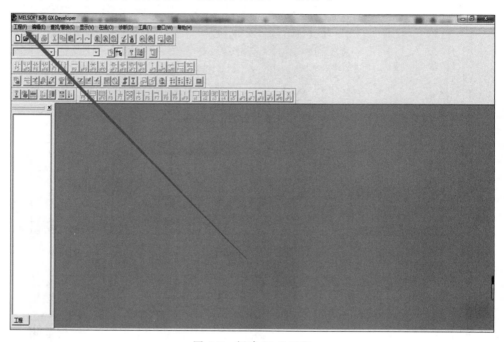

图 6-7 新建 PLC 工程

（2）PLC 系列选择 FXCPU，PLC 类型选择 FX3U，程序类型选择"梯形图"，如图 6-8 所示。

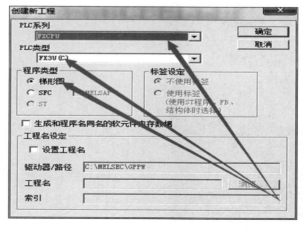

图 6-8 创建 PLC 工程

（3）单击"在线"菜单项，选择"PLC写入"开始编写程序，如图6-9所示。

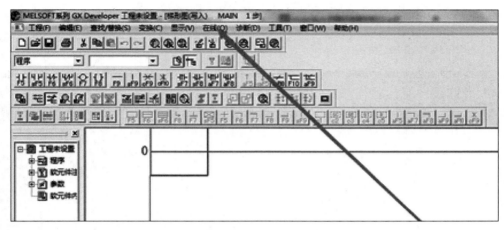

图 6-9 PLC 写入

（4）单击"参数＋程序"按钮，勾选 MAIN 和"PLC参数"，如图 6-10 所示。

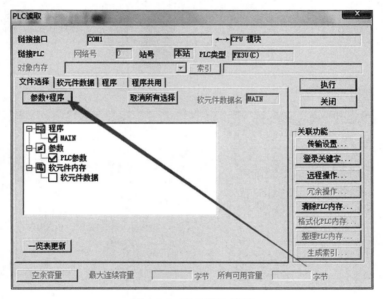

图 6-10 PLC 读取设置

（5）选择好后，单击"执行"按钮，即可写入程序。读取程序与写入程序的方法相似，依次单击"在线"→"PLC读取"→"执行"按钮，此时需要保证 PLC 与计算机连接正常。

6.3 PLC 读写数据与 MCGS 界面动画连接

（1）打开用户窗口，如图 6-11 所示。

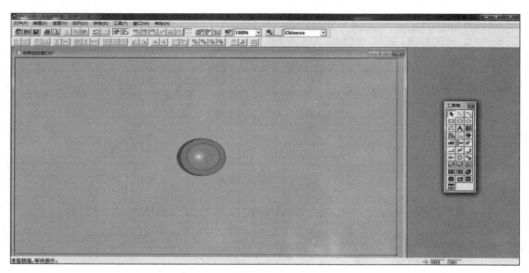

图 6-11　触摸屏界面

（2）双击灯元件，如图 6-12 所示。

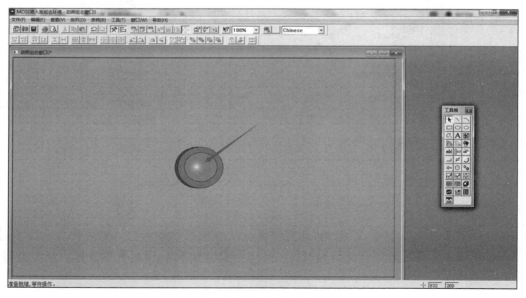

图 6-12　双击灯元件

（3）打开"标签动画组态属性设置"对话框，在"属性设置"选项卡中勾选"可见度"，如图 6-13 所示。

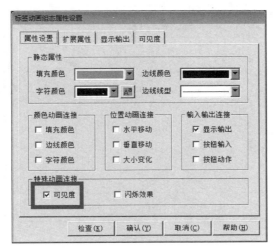

图 6-13　勾选可见度

（4）切换至"可见度"选项卡，如图 6-14 所示。

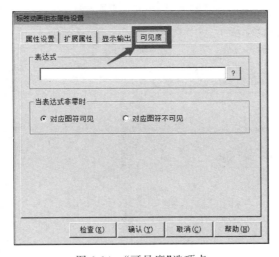

图 6-14　"可见度"选项卡

（5）单击"？"按钮，选择表达式，如图 6-15 所示。

（6）选择"根据采集信息生成"，选择对应的"通道类型"和"通道地址"，也就是对应 PLC 的对象，如图 6-16 所示，表示此时触摸屏元件对应 PLC 中的 Y0。

如果选择"根据采集信息生成"出现如图 6-17 所示的提示，则表示设备窗口中的设备组态没有设置对应的 FX 编程口，需返回重新设置。

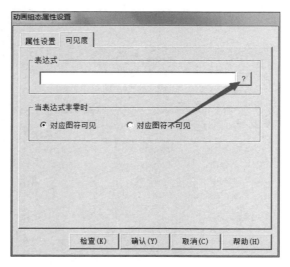

图 6-15　选择表达式

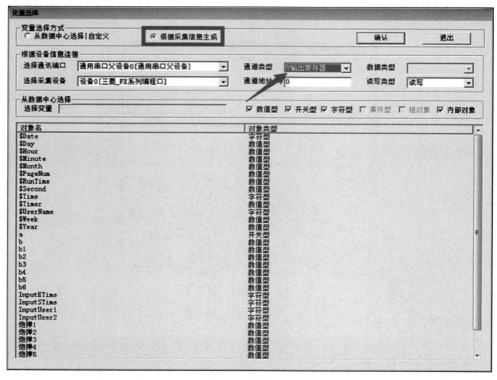

图 6-16　变量选择

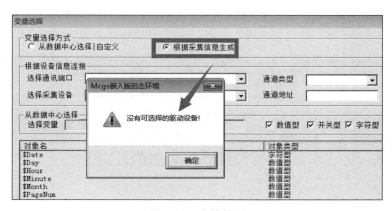

图 6-17　出错提示

（7）MCGS 窗口之间的切换。

如果需要切换不同的工作窗口，可以单击工作台图标 ▣，切换到工作台模式，如图 6-18 所示。

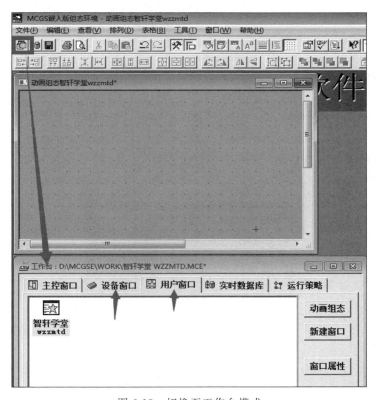

图 6-18　切换至工作台模式

（8）MCGS 文件操作。

工程必须在工作台模式下才能保存。单击"文件"→"工程另存为"保存工程，如图 6-19 所示。

图 6-19　工作台模式

6.4　案例演示

控制要求：按下 SB2 按钮，绿灯亮；松开 SB2 按钮，绿灯灭。

控制分析：在 MCGS 触摸屏控制中，如果不考虑移动动画等复杂设置，我们只需要正确设置 PLC 与触摸屏的变量，对于项目中控制元件的变换，则可以通过 PLC 程序控制。

（1）打开 MCGS 组态软件，单击"文件"→"新建工程"，如图 6-20 所示。

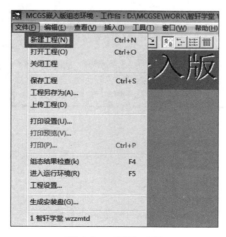

图 6-20　新建工程

（2）TPC 类型需要根据所购买的触摸屏型号选择。触摸屏型号在触摸屏背后的铭牌上有说明，如图 6-21 所示。本案例使用的触摸屏类型为 TPC1061Ti。

图 6-21　设置 TCP

（3）为了能顺利连接 PLC 与 MCGS，需要先设置设备窗口，单击"设备窗口"进入设备窗口设置，如图 6-22 所示。

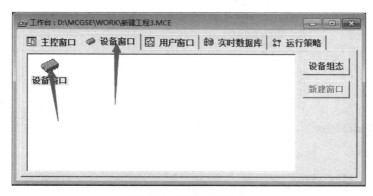

图 6-22　选择设备窗口

（4）在设备窗口设置中，我们需要设置编程口和对应的 PLC，单击工具箱图标，打开"设备工具箱"，如图 6-23 所示。

（5）单击"设备管理"，在设备管理中选择"三菱_FX 系列编程口"与"通用串口父设备"，然后单击"增加"按钮，再单击"确认"按钮，如图 6-24 所示。

（6）双击"通用串口父设备"，再双击"三菱_FX 系列编程口"设置设备组态，如图 6-25 所示。

图 6-23　打开设备工具箱

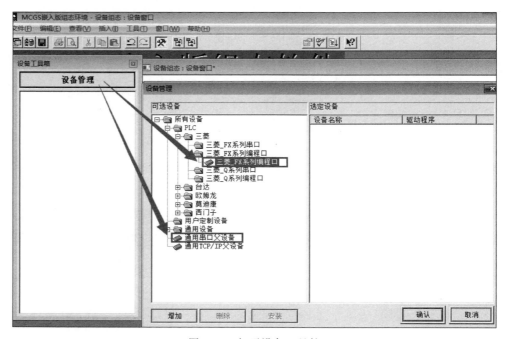

图 6-24　打开设备工具箱

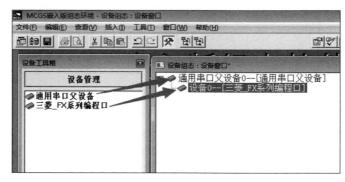

图 6-25　设备组态设置

（7）双击设备组态中的"通用串口父设备0"，弹出"通用串口设备属性编辑"对话框，如图6-26所示。这里最需要关注的是"串口端口号（1～255）"，如果设置错误，则无法与PLC正确通信。检查无误后单击"确认"按钮。

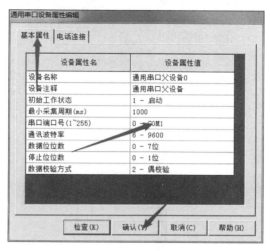

图6-26 通用串口设备属性编辑

本机串口可通过右键单击"我的电脑"→"属性"→"设备管理器"，再双击"端口（COM和LPT）"查看，如图6-27所示。

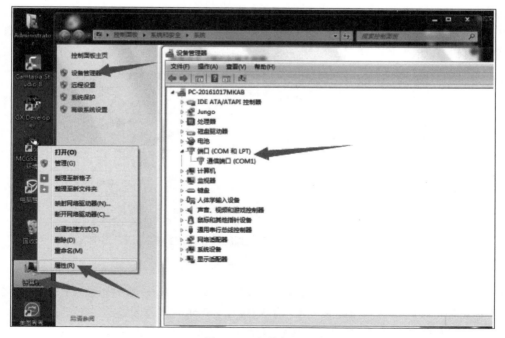

图6-27 查看串口

（8）双击设备组态中的"设备 0"，将"设备编辑窗口"中的 CPU 类型改成 4-FX3UCPU，然后单击"确定"按钮，如图 6-28 所示。

图 6-28　设备编辑窗口

（9）单击工作台按钮"▣"切换到工作台窗口，单击"用户窗口"，再单击"新建窗口"按钮，创建窗口 0，如图 6-29 所示。

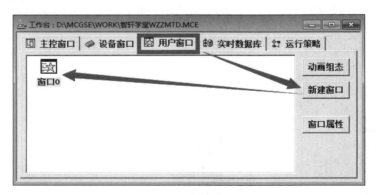

图 6-29　创建窗口

（10）单击"窗口 0"，弹出"用户窗口属性设置"对话框，单击"基本属性"设置"窗口名称""窗口标题"和"窗口背景"，完成后单击"确认"按钮，如图 6-30 所示。

（11）在工具箱中选择"椭圆"，在编辑区中画一个圆表示灯，如图 6-31 所示。

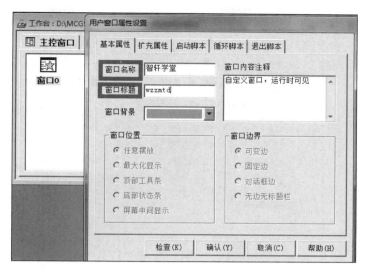

图 6-30 用户窗口属性设置

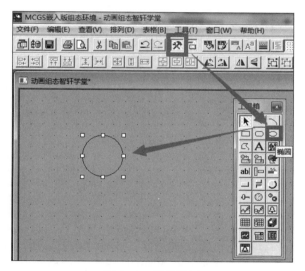

图 6-31 画指示灯

（12）双击圆，在动画组态属性设置中设置"填充颜色"，勾选"可见度"，如图 6-32 所示。

（13）单击"可见度"，再单击"?"设置可见度，如图 6-33 所示。

（14）单击"根据采集信息生成"，选择对应的"通道类型"和"通道地址"，也就是对应 PLC 的对象，如图 6-34 所示，此时触摸屏元件对应 PLC 中的 Y4。

（15）单击"确认"按钮，实现当 PLC 运行时 Y4 得电，如图 6-35 所示。

（16）单击工具箱中的"标准按钮"，画一个按钮，如图 6-36 所示。

图 6-32　动画组态属性设置

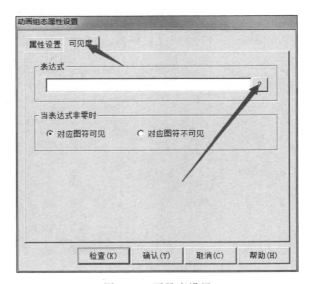

图 6-33　可见度设置

（17）双击"按钮"，弹出"标准按钮构建属性设置"对话框，在"文本"中更改按钮名称为"启动"，如图 6-37 所示。

（18）单击"操作属性"，勾选"数据对象值操作"，选择"按 1 松 0"，然后单击"?"，如图 6-38所示。

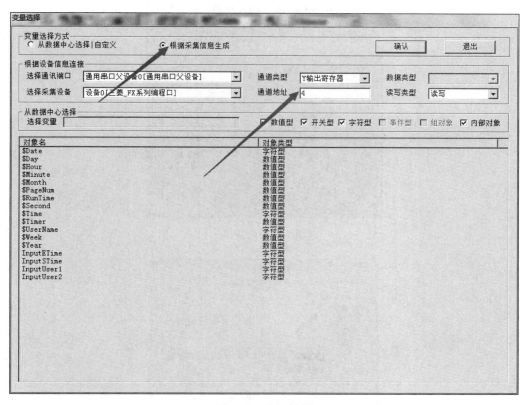

图 6-34　变量选择

图 6-35　可见度设置

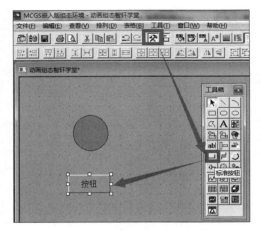

图 6-36　画按钮

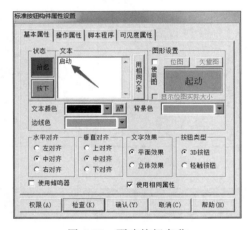

图 6-37　更改按钮名称

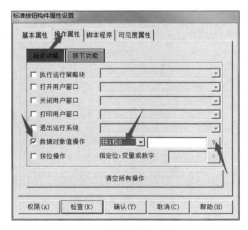

图 6-38　按钮操作属性设置

（19）"变量选择"窗口弹出，选择"根据采集信息生成"，通道类型选择"M 辅助寄存器"，通道地址输入"2"，则该按钮表示 PLC 程序中的 M2。由于 MCGS 对 X 只读不写，也就是只能看见监控 X 的动作，但是无法直接给 X 动作，所以在触摸屏设置中，我们选择 X2 对应的辅助继电器 M2 控制触摸屏，如图 6-39 所示。

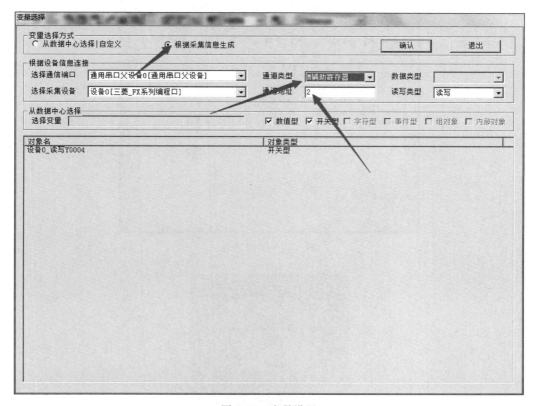

图 6-39　变量设置

（20）单击"工程下载"工具按钮，将 MCGS 程序下载到触摸屏上，如图 6-40 所示。

图 6-40　下载工程

（21）单击"连机运行"按钮，连接方式选择"USB 通信"，然后单击"工程下载"按钮，如图 6-41 所示。一定要保证触摸屏与计算机直接正确，否则无法正确写入工程。一旦出错，可以重新下载 USB 驱动，重新安装，或者将程序保持到 U 盘，利用 U 盘写入 MCGS 中。

（22）触摸屏运行界面如图 6-42 所示，其对应的 PLC 程序如图 6-43 所示。

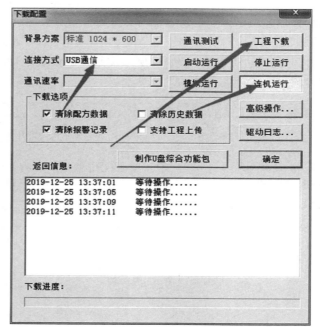

图 6-41　工程下载

图 6-42　触摸屏运行界面

图 6-43　PLC 运行程序

第7章

机电一体化

7.1 机电一体化设备

光机电一体化实训考核装置既包含了机电一体化专业所涉及的基础知识、专业知识和基本的机电技能,也体现了当前先进技术在生产实际中的应用。它为 PLC 学习者提供了一个典型的、可进行综合训练的工程环境,为学员构建了一个可充分发挥学生潜能和创造力的实践平台,其设备如图 7-1 所示。

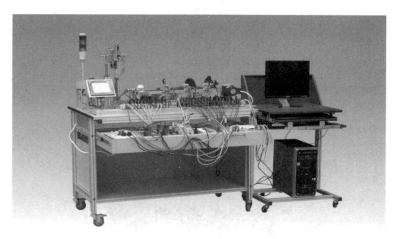

图 7-1　机电一体化设备

（1）机械组成

该装置主要由实训台、盘式下料机构、气动机械手搬运机构、传送分拣机构、接线端子排等组成,如图 7-2 和图 7-3 所示。

（2）电气组成

该装置的电气控制部分主要由电源模块、PLC 模块、变频器模块、触摸屏模块、按钮模块、电磁阀、气缸及各种传感器等组成,如图 7-4～图 7-7 所示。

(a) 实训台

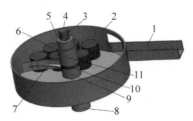

1—出料口；2—料盘；3—锁紧螺母；4—延长轴；5—弹簧盖；
6—工件；7—弧长；8—直流电机；9—旋转套；10—摩擦片；11—滑动部件。

(b) 盘式下料机构

图 7-2　实训台与下料机构

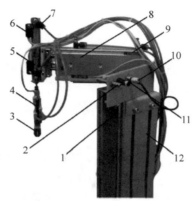

1—旋转气缸；2—非标螺丝；3—气动手爪；4—手抓磁性开关Y59BLS；5—提升气缸；
6—磁性开关D-C73；7—节流阀；8—伸缩气缸；9—磁性开关D-273；10—左右限位传感器；
11—缓冲阀；12—安装支架。

(a) 搬运机械手

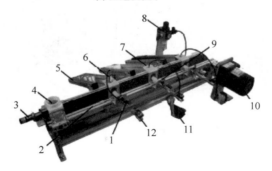

1—磁性开关D-C73；2—传送分拣机构；3—落料口传感器；4—落料口；5—料槽；
6—电感式传感器；7—光纤传感器；8—过滤调压阀；9—节流阀；10—三相异步电机；
11—光纤放大器；12—推料气缸。

(b) 传送分拣机构

图 7-3　机械手与传送机构

(a) 电源模块

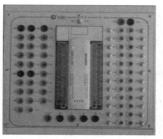
(b) PLC模块

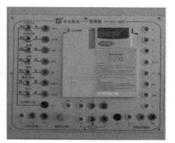
(c) 变频器模块

图 7-4　电源模块、PLC 模块和变频器模块

(a) 按钮模块

(b) 触摸屏

(c) 传感器

图 7-5　按钮模块、触摸屏和传感器

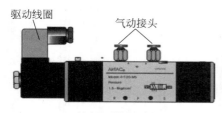
(a) 单向电磁阀示意图

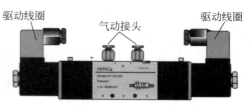
(b) 双向电磁阀示意图

图 7-6　电磁阀

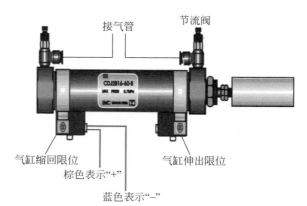

图 7-7　气缸

（3）整机结构分布

机电一体化设备各部件在实训台上的排布如图 7-8 所示。

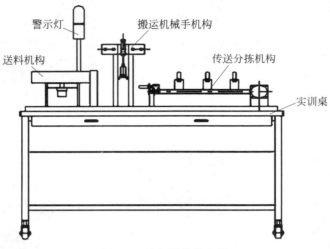

图 7-8　整机模块分布图

从上往下机电一体化设备各部件在实训台上的排布如图 7-9 所示。

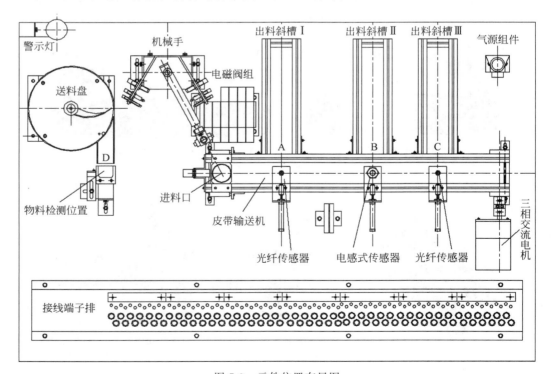

图 7-9　元件位置布局图

（4）整机工作原理

在触摸屏上按下启动按钮后，装置进行复位，当装置复位到位后，由PLC启动送料电机驱动放料盘旋转，物料由送料盘滑到物料检测位置，物料检测光电传感器开始检测。如果送料电机运行若干秒后，物料检测光电传感器仍未检测到物料，则说明送料机构已经无物料，这时要停机并报警。当物料检测光电传感器检测到有物料，将给PLC发出信号，由PLC驱动机械手伸出手爪下降抓物，然后手爪提升臂缩回，手臂向右旋转到右限位，手臂伸出，手爪下降将物料放到传送带上，落料口的物料检测传感器检测到物料后启动传送带输送物料，同时机械手按原来位置返回进行下一个流程。传感器则根据物料的材料特性、颜色特性进行辨别，分别由PLC控制相应电磁阀使气缸动作，对物料进行分拣。工作原理如图7-10所示。

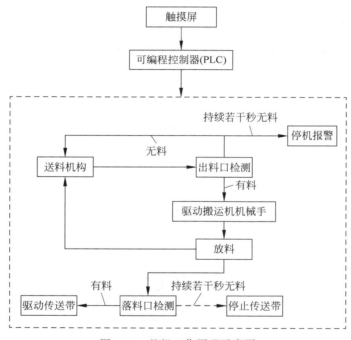

图7-10 整机工作原理示意图

7.2 机械机构

7.2.1 送料机构

送料机构如图7-11所示。

转盘：转盘中共放3种物料，金属物料、白色非金属物料和黑色非金属物料。

直流电机：电机采用24V直流减速电机，转速为6r/min，用于驱动转盘旋转。

1—转盘；2—调节支架；3—直流电机；
4—物料；5—出料口传感器；6—物料检测支架。

图 7-11　送料机构

物料检测支架：将物料有效定位，并确保每次只上一个物料。

出料口传感器：物料检测使用光电漫反射型传感器，主要为 PLC 提供一个输入信号，如果运行中，光电传感器没有检测到物料并保持若干秒，则让系统停机然后报警。

7.2.2　供料盘

供料盘电机带动拨动杆将工件推出到供料架，等待机械手夹运，如图 7-12 所示。

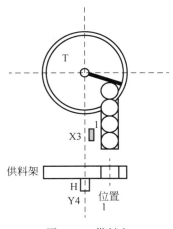

图 7-12　供料盘

① 当光电传感器检测到工件时，电机应立刻停转，否则会造成电机堵转，使电机损坏，程序如图 7-13 所示，光电传感器（X3）只要检测到工件就停止对 Y4 供电；

② 由于不同性质的工件对检测信号的反应有些差别，因此会造成工件的止位不同，有时因太紧迫会使机械手无法夹持，有时也会因机械手夹持不到工件的中线位置在传送过程中工件掉下，可调节光电传感器安装位置来避免此现象。

```
   X003                                                    (Y004  )
 ──┤├──────────────────────────────────────────────────────
```

图 7-13　控制程序

7.2.3　机械手搬运机构

机械手搬运结构如图 7-14 所示。

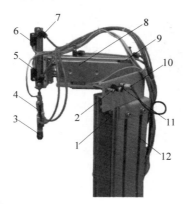

1—旋转气缸；2—非标螺丝；3—气动手爪；4—手爪磁性开关；
5—提升气缸；6—磁性开关；7—节流阀；8—伸缩气缸；
9—磁性开关；10—左右限位传感器；11—缓冲阀；12—安装支架。

图 7-14　机械手

整个搬运机构能完成 4 个自由度动作，手臂伸缩、手臂旋转、手爪上下移动、手爪松紧。

提升气缸：采用双向电控气阀控制。

磁性开关：用于气缸的位置检测。检测气缸伸出和缩回是否到位，为此在前点和后点上各有一个，当检测到气缸准确到位后给 PLC 发出一个信号（在应用过程中棕色线接 PLC 主机输入端，蓝色线接输入的公共端）。

气动手爪：抓取和松开物料由双电控气阀控制，手爪夹紧时手爪磁性开关输出信号，指示灯亮，在控制过程中不允许两个线圈同时得电。

旋转气缸：控制机械手的正反转，由双电控气阀控制。

接近传感器：机械手臂正转和反转到位后，接近传感器输出信号。在应用过程中棕色线接直流 24V 电源"＋"、蓝色线接直流 24V 电源"－"、黑色线接 PLC 主机的输入端。

伸缩气缸：控制机械手臂伸出、缩回，由电控气阀控制。气缸上装有两个磁性传感器，检测气缸伸出或缩回位置。

缓冲阀：旋转气缸高速正转和反转时起缓冲减速作用。

7.2.4　物料传送和分拣机构

物料传送和分拣机构如图 7-15 所示。

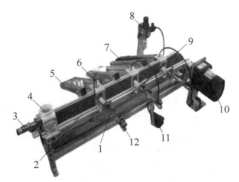

1—磁性开关；2—传送分拣机构；3—落料口传感器；4—落料口；5—料槽；
6—电感式传感器；7—光纤传感器；8—过滤调压阀；9—节流阀；
10—三相异步电机；11—光纤放大器；12—推料气缸。

图 7-15　物料分拣

落料口传感器：检测是否有物料到传送带上，并给 PLC 一个输入信号。

落料口：物料落料位置定位。

料槽：放置物料。

电感式传感器：检测金属材料。

光纤传感器：用于检测不同颜色的物料，可通过调节光纤放大器来区分不同颜色。

三相异步电机：驱动传送带转动，由变频器控制。

推料气缸：将物料推入料槽，由电控气阀控制。

7.2.5　笔形气缸

笔形气缸接线图如图 7-16 所示。

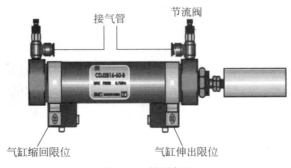

图 7-16　笔形气缸

气缸的正确运动使物料分到相应的位置,只要交换进出气的方向就能改变气缸的伸出、缩回运动,气缸两侧的磁性开关可以识别气缸是否已经运动到位。

7.2.6 节流阀

节流阀能调节气门大小从而控制气缸推杆速度,其连接如图 7-17 所示。

图 7-17 节流阀连接和调整示意图

7.2.7 单线圈电磁阀(单向电控阀)

单向电控阀用来控制气缸单方向的运动,实现气缸的伸出、缩回运动。与双向电控阀的区别在于,双向电控阀初始位置是任意的,而单向电控阀初始位置是固定的,只能控制一个方向。单向电磁阀如图 7-18 所示。

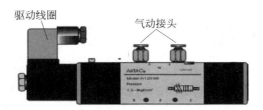

图 7-18 单向电磁阀

7.2.8 单作用气缸

单作用气缸结构简单,耗气较小,适用于行程较短、对推力和速度要求不高的工作场合,气缸解剖图如图 7-19 所示。单气缸的工作特点是:气缸活塞的一个运动方向靠空气压力驱动,另一个运动方向靠弹簧力或其他外部的方法使活塞复位,动作分析如图 7-20 所示。

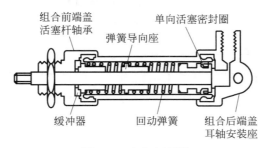

图 7-19 气缸解剖图

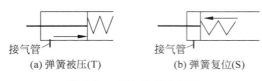

(a) 弹簧被压(T)   (b) 弹簧复位(S)

图 7-20　气缸动作分析图

7.2.9　双线圈电磁阀（双向电控阀）

双向电控阀用来控制气缸进气和出气，从而实现气缸的伸出、缩回运动。双向电控阀内装的红色指示灯有正负极性，如果极性接反了也能正常工作，但指示灯不会亮，其示意图如图 7-21 所示。

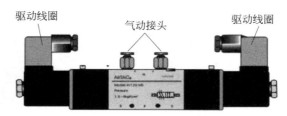

驱动线圈　　　气动接头　　　驱动线圈

图 7-21　双向电控阀示意图

7.2.10　双作用气缸

双作用气缸应用十分广泛，能够控制气缸双向动作，双气缸解剖图如图 7-22 所示。双作用气缸的工作特点是：气缸活塞的两个运动方向都由空气压力推动，因此在活塞两边，气缸有两个气孔作供气和排气使用，以实现活塞的往复运动，如图 7-23 所示。

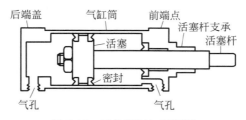

后端盖　　气缸筒　　前端点　　活塞杆支承　活塞杆

活塞

密封

气孔　　　　　　　　气孔

图 7-22　双作用气缸解剖图

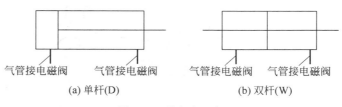

气管接电磁阀　　气管接电磁阀　　　气管接电磁阀　　气管接电磁阀

(a) 单杆(D)　　　　　　(b) 双杆(W)

图 7-23　单杆与双杆

单控与双控电磁阀的特性对比如表 7-1 所示。

表 7-1 单控与双控对比

单电控二位四通阀	单电控二位五通阀	双电控二位五通阀
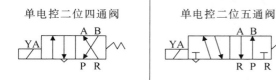		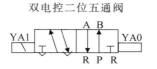
电磁阀只有一个控制线圈。当电磁线圈通电时,气动回路发生切换;当电磁线圈失电时,电磁阀由弹簧复位,气动回路恢复到原状态		电磁阀有两个控制线圈,任何一个电磁线圈通电,都会使电磁阀换向;双线圈电磁阀有记忆功能,即使线圈通电后立即失电,电磁阀也会保持通电时的状态不变。只有当另一电磁线圈通电时,电磁阀才会切换为另一状态

7.2.11 方形气缸

常见的气缸有方形和笔筒形,我们需要根据现场条件选择适合的气缸,方形气缸如图 7-24 所示。

图 7-24 方形气缸

7.2.12 气动夹爪

气动夹爪简称气爪,是气动设备中用来夹持工件的一种常用元件。它一般在气缸的活塞杆上连接一个传动机构来带动气爪的爪子作直线平移或绕某支点开闭,以夹紧或放松工件。

7.2.13 气动元件动作分析

手爪由单向电控气阀控制时,当电控气阀得电时手爪夹紧,当电控气阀断电后手爪张开;手爪由双向电控气阀控制时,手爪抓紧和松开分别由一个线圈控制,在控制过程中不允许两个线圈同时得电。

7.2.14 旋转气缸(叶片式摆动气缸)

旋转气缸如图 7-25 所示,其工作原理是将气压力作用在叶片上,由于叶片与转轴连在一起,因此受气压作用的叶片带动转轴摆动,并输出力矩。气缸用内部止动块或外部挡块来改变其摆动角。

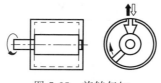

图 7-25　旋转气缸

7.2.15　系统中气缸的控制与作用

系统中的气缸由单线圈电磁阀控制或用双线圈电磁阀驱动，由两个磁性开关作气缸活塞杆位置控制。

（1）用双线圈电磁阀控制

① 机械手上升、下降用气缸；

② 机械手伸出、后退用气缸；

③ 机械手摆动气缸；

④ 机械手气爪。

（2）用单线圈电磁阀控制

① 分拣工件用气缸 A；

② 分拣工件用气缸 B；

③ 分拣工件用气缸 C。

（3）控制方式与主要作用

① 伸出立即退回；

② 伸出后停止一定时间再退回；

③ 对已出料的工件进行计数（气缸动作或磁性开关信号）；

④ 对传送带上的工件进行计数（与其他传感器的计数作比较）；

⑤ 作皮带输送机运行的信号。

7.2.16　空气压缩机

空气压缩机为气缸提供动力来源，在机械手运行时需要保证空气压缩机有足够的气量来作为动力来源，静音无油空气压缩机 DA5001 如图 7-26 所示。

7.2.17　气源处理组件（油水分离器）

气源处理组件的输入气源来自空气压缩机，所提供的压强为 0.6～1.0MPa，输出压强为 0～0.8MPa 可调。输出的压缩空气送到各工作单元，同时可以监控压强值是否达到气动要求，如图 7-27 所示。

技术参数：
额定电压：220V
额定频率：50Hz
排气量：50L/min
噪声值：52dB
储气罐：25L
压力：8N
重量：29kg

图 7-26 空气压缩机

图 7-27 气源处理组件

7.3 传感器连线

在知道了机械手的动力源之后，我们还需要知道机器上传感器的线路连接。以亚龙235A 为例，机械手模块上传感器的接线图如图 7-28 所示。

整机传感器的接线图如图 7-29 所示。

（1）三线式（电感式接近开关、光电传感器、光纤传感器）

棕色：DC24（＋），蓝色：DC0V（PLC 公共端），黑色：PLC 输入端。

（2）二线式（磁性开关）

棕色：PLC 输入端，蓝色：PLC 公共端。

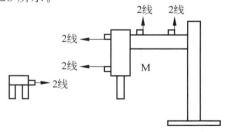

图 7-28 机械手模块接线图

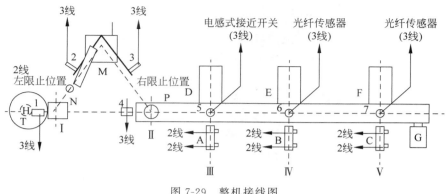

图 7-29　整机接线图

7.3.1　三线式传感器实际接法

在亚龙机电一体化设备里，电感传感器、光电传感器、光纤传感器为三线制传感器，传感器的连接一定要按线路图进行连接，否则会损坏传感器。在与 FX3U 系列 PLC 的连接中，对 NPN 型传感器（接近开关），PLC 上的"0V"端接开关元件的公共线，S/S 连接 PLC 的 ＋24V 处，如图 7-30 所示。

对于 PNP 型传感器（接近开关），PLC 上的"＋24V"端接开关元件的公共线，S/S 连接 PLC 的 0V 处。

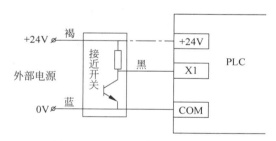

图 7-30　NPN 型传感器连接方式

三线式传感器（或接近开关）都要接供电电源，方法有两种：

（1）接在外部电源上。

（2）接在 PLC 内部电源上（PLC 内部也有一个 24V 电源，如果容量能满足，可用作传感器的工作电源），电感传感器、光电传感器、光纤传感器的接线方式如图 7-31 所示。

7.3.2　电感传感器

电感传感器对接近的金属件有信号反应，对接近的非金属件无信号反应，其外形如图 7-32 所示。电感传感器在系统中的主要作用有：

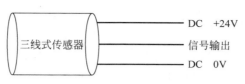

图 7-31　三线传感器接线

（1）确认金属工件。

（2）对金属工件计数。

（3）改变金属工件的运动方向。

（4）改变传送带运送金属工件的速度。

（5）使金属工件停止运行。

技术参数及特征：
检测距离：2～4mm
体积小，安装方便
动作频率可高达2500Hz
极性保护和过载保护
重复精度式＜5%
额定电压DC 10～30V
额定电流DC 200mA
通态压降＜2.5VDC
空载消耗电流DC＜10mA

图 7-32　电感传感器

常见 NPN 电感式传感器接近开关与 PLC 的接线图如图 7-33 所示。

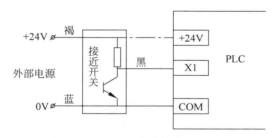

图 7-33　NPN 电感式传感器接线图

电感式接近开关在 PLC 编程中可以如图 7-34 所示设置。

图 7-34　电感式接近开关在 SFC 中的应用

7.3.3　光电传感器

光电传感器利用漫反射原理，由于不同物质有不同的反射信号，造成检测距离不同，由此可进行测距调试下料工件的识别、计数等，其外形如图 7-35 所示。光电传感器与 PLC 的接线图如图 7-36 所示。

光电传感器在系统控制中的主要作用有：

① 作启动皮带输送机运行的信号；

② 识别下料的间隔时间；

③ 识别金属与非金属工件；

④ 对下料工件计数；

⑤ 对已下料的金属工件计数；

⑥ 控制金属工件的分拣。

图 7-35　光电传感器

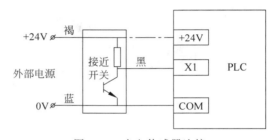

图 7-36　光电传感器连接

7.3.4　漫反射式光电接近开关

漫反射式光电接近开关是利用光照射到被测物体上后反射回来的光线工作的，如图 7-37 所示。由于物体反射的光线为漫反射光，故称为漫反射式光电接近开关。它的光发射器与光接收器处于同一侧，且为一体化结构。在工作时，光发射器始终发射检测光，若接近开关前方一定距离内没有物体，则没有光被反射到接收器，接近开关处于常态而不动作；反之若接近开关的前方一定距离内出现物体，只要反射回来的光强度足够，则接收器接收到足够的漫反射光就会使接近开关动作而改变输出的状态。

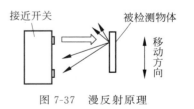

图 7-37　漫反射原理

7.3.5　光纤传感器

光纤传感器也是光电传感器的一种，相对于传统电量型传感器（热电偶、热电阻、压阻式、振弦式、磁电式），光纤传感器具有抗电磁干扰、可工作于恶劣环境、传输距离远、使用寿命长等优点。此外，由于光纤头体积较小，所以可以安装在空间很小的地方。

光纤式光电接近开关的放大器的灵敏度调节范围较大。当光纤传感器灵敏度调得较小时,反射性较差的黑色物体,光电探测器无法接收到反射信号;而反射性较好的白色物体,光电探测器就可以接收到反射信号。反之,若调高光纤传感器灵敏度,则即使对反射性较差的黑色物体,光电探测器也可以接收到反射信号。因此可以通过调节灵敏度判别黑白两种颜色物体,将两种物料区分开,从而完成自动分拣工序。

7.3.6　磁性开关

无接点开关的感应元件是磁阻器件,当气缸活塞杆的磁体接近开关时,受磁场的影响,开关的磁阻元件输出电压信号。经信号放大器放大后指示灯(红色)发光,控制输出点与电源负端接通。将磁性开关安装在气缸两侧,就可以检测气缸活塞杆伸出到位或缩回到期位的信号,其外形如图 7-38 所示,其中紧定螺丝用于固定位置。

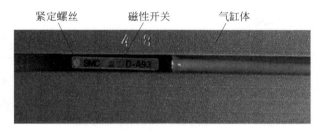

紧定螺丝　　磁性开关　　气缸体

图 7-38　磁性传感器

磁性开关引出两根线,接线容易,电源为 DC24V。"＋"端接 PLC 的输入端,"－"端接 PLC 的 0V,无接点开关的感应元件是磁阻器件。不要将磁性开关两条引线直接接在 DC24V 电源上,否则可能损坏,接线图如图 7-39 所示。

磁性开关能在一般的磁性环境中使用,装配调整容易,当气缸活塞杆的磁体接近开关时,受磁场的影响,开关的磁阻元件输出电压信号。经信号放大器放大后指示灯(红色)发光,控制输出点与电源负端接通。将磁性开关安装在气缸两侧,就可以发出气缸活塞杆伸出到位或缩回到位的信号。磁性开关安装在气缸两侧,如图 7-40 所示。

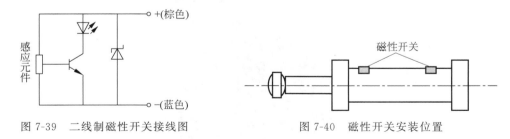

图 7-39　二线制磁性开关接线图　　　　图 7-40　磁性开关安装位置

磁性开关有蓝色和棕色两根引线,使用时蓝色引线应连接到 PLC 输入公共端,棕色引线应连接到 PLC 输入端子。磁性开关的内部电路如图 7-41 虚线框内所示。

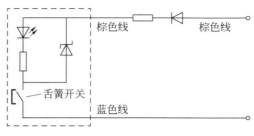

图 7-41 磁性开关接线图

为了防止实训时错误接线损坏磁性开关，YL-235A上所有磁性开关的棕色引线都串联了电阻和二极管支路。因此，使用时若引线极性接反，该磁性开关不能正常工作。

7.4 电气控制模块

本装置电气部分主要有电源模块、按钮模块、可编程控制器模块、变频器模块、三相异步电机、接线端子排等。所有的电气元件均连接到接线端子排上，通过接线端子排连接到安全插孔，由安全接插孔连接到各个模块，提高实训考核装置安全性。结构为拼装式，各个模块均为通用模块，可以互换，能完成不同的实训项目，扩展性较强。

7.4.1 电源模块

电源模块主要包括一个三相漏电保护开关、两位的单相电源插座，如图7-42所示。其中3条火线、零线经过漏电保护开关被引到面板的安全插座上，地线也被相应引到面板的安全插座上。该电源模块负责整个系统的供电。

图 7-42 电源模块

7.4.2 可编程控制器 PLC

机电一体化核心元件采用三菱 FX3U-48MR 继电器输出,所有接口采用安全插连接,如图 7-43 所示。特别需要注意输出"COM"之间的连接,以及输入部分"S/S"与"+24"的连接。

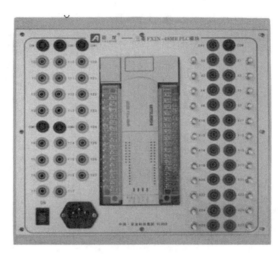

图 7-43 PLC 模块

7.4.3 按钮模块

按钮模块提供了多种不同功能的按钮和指示灯(DC24V),例如急停开关、转换开关、蜂鸣器等。

所有接口采用安全插连接。内置开关电源(24V/6A 一组,12V/2A 一组)为外部设备提供电源。按钮模块如图 7-44 所示。

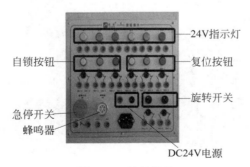

图 7-44 按钮模块

7.4.4 警示灯的应用

警示灯有绿色和红色两种颜色，5 根引线，其中并在一起的两根粗线是电源线（红线接＋24，黑红双色线接 GND），其余 3 根是信号控制线（棕色线为控制信号公共端，如果将控制信号线中的红色线和棕色线接通，则红灯闪烁；将控制信号线中的绿色线和棕色线接通，则绿灯闪烁），警示灯如图 7-45 所示。

图 7-45　警示灯

7.5　变频器

三菱变频器模块如图 7-46 所示。变频器控制传送带电机转动和速度调节，所有接口采用安全插连接。

主回路：

输入（电源端）：R、S、T 接 L1、L2、L3（AC380V）。

输出（负载端）：U、V、W 接传送带三相电机。

控制端：STF（正转控制）、STR（反转控制）RH、RM（高速、中速、低速控制）。

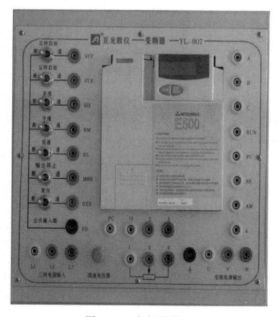

图 7-46　变频器模块

7.5.1　变频器与 PLC 和按钮模块接线图

变频器与 PLC 连接的时候,我们可以选择一组 Y 与变频器控制端口相连接,同时通过按钮模块与 PLC 的连接给 PLC 传递控制信号,线路连接如图 7-47 所示。

PLC连接(根据I/O连接)

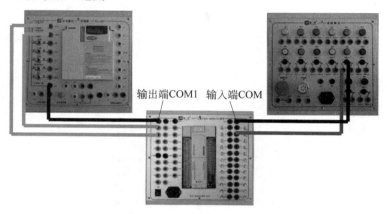

输出端COM1　输入端COM

图 7-47　模块间的连接

7.5.2　各模块电源连接

各模块均采用了安全插口设计,在各模块之间连接电源的时候,只需按图 7-48 所示连接对应插口即可。

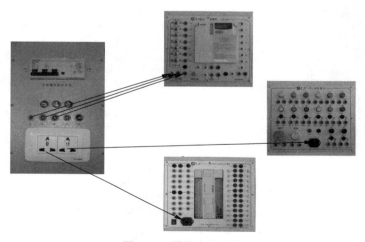

图 7-48　模块电源连接

7.5.3 变频器操作面板说明

三菱 F740 系列变频器操作面板如图 7-49 所示。

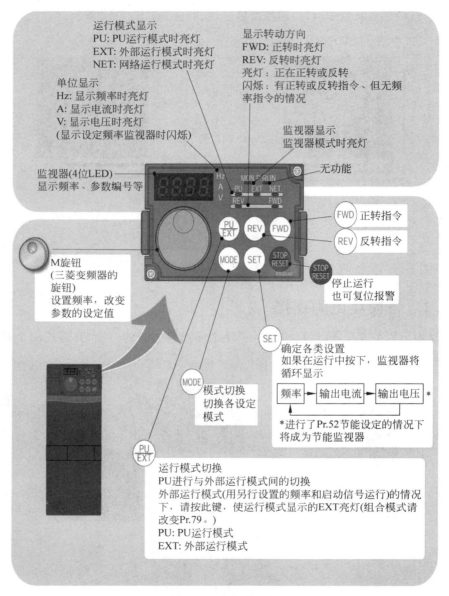

运行模式显示
PU: PU运行模式时亮灯
EXT: 外部运行模式时亮灯
NET: 网络运行模式时亮灯

显示转动方向
FWD: 正转时亮灯
REV: 反转时亮灯
亮灯：正在正转或反转
闪烁：有正转或反转指令、但无频率指令的情况

单位显示
Hz: 显示频率时亮灯
A: 显示电流时亮灯
V: 显示电压时亮灯
(显示设定频率监视器时闪烁)

监视器显示
监视器模式时亮灯

监视器(4位LED)
显示频率、参数编号等

无功能

M旋钮
(三菱变频器的旋钮)
设置频率，改变参数的设定值

FWD 正转指令
REV 反转指令

STOP RESET
停止运行
也可复位报警

SET
确定各类设置
如果在运行中按下，监视器将循环显示

频率 → 输出电流 → 输出电压 *

*进行了Pr.52节能设定的情况下将成为节能监视器

MODE
模式切换
切换各设定模式

PU EXT
运行模式切换
PU进行与外部运行模式间的切换
外部运行模式(用另行设置的频率和启动信号运行)的情况下，请按此键，使运行模式显示的EXT亮灯(组合模式请改变Pr.79。)
PU: PU运行模式
EXT: 外部运行模式

图 7-49　变频器面板

7.5.4 变频器参数设置方法

变频器的设置包括运行模式切换、监视器和频率设定、参数设定、报警历史，如图 7-50 所示。

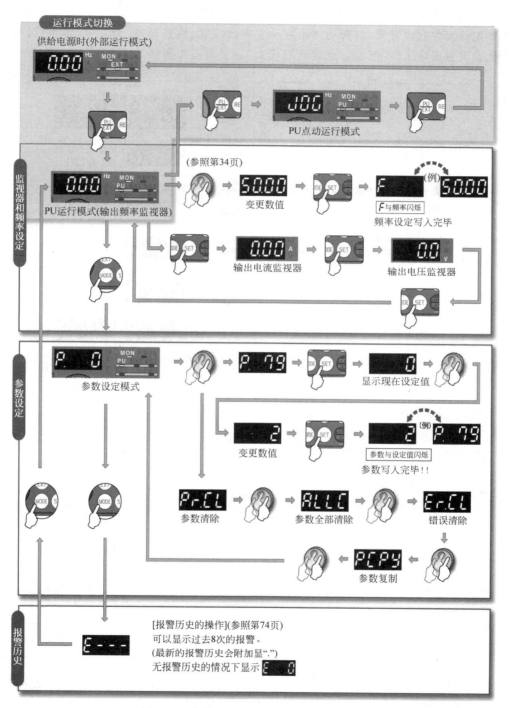

图 7-50　参数设置（图源：三菱 F740 手册）

在机电一体化变频器控制里，可以设置加减速时间、电机运行速度等。变频器参数的设置需要先设置参数设置模式，转动旋钮到对应参数设置，然后长按"SET"设置参数，参数闪烁后代表设置成功。"外部/PU组合运行模式"设置流程如图7-51所示。

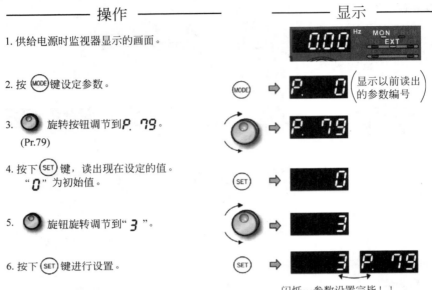

———— 操作 ————   ———— 显示 ————

1. 供给电源时监视器显示的画面。

2. 按 (MODE) 键设定参数。 (显示以前读出的参数编号)

3. 🔘 旋转按钮调节到 P. 79。
   (Pr.79)

4. 按下 (SET) 键，读出现在设定的值。
   "0" 为初始值。

5. 🔘 旋钮旋转调节到 "3"。

6. 按下 (SET) 键进行设置。

闪烁…参数设置完毕！！

图 7-51　"外部/PU 组合运行模式"设置（图源：三菱 F740 手册）

常用的变频器参数如表 7-1 所示。

表 7-1　常用变频器参数

序号	参数代号	参数值	说　　明
1	P4	35	高速
2	P5	20	中速
3	P6	11	低速
4	P7	5	加速时间
5	P8	5	减速时间
6	P14	0	
7	P79	2	电机控制模式
8	P80	默认	电机的额定功率
9	P82	默认	电机的额定电流
10	P83	默认	电机的额定电压
11	P84	默认	电机的额定频率

变频器与三相异步电机的接线图如图 7-52 所示。机电一体化项目中默认参数如下：

① 低速正转：Y20　Y24

② 中速正转：Y20　Y23

③ 高速正转：Y20　Y22

④ 低速反转：Y21　Y24

⑤ 中速反转：Y20　Y23

⑥ 高速反转：Y20　Y22

⑦ 外部操作：Pr79＝2

⑧ （加速时间）Pr7＝0.5s；（减速时间）Pr8＝0.5s

⑨ STF：正转控制；STR：反转控制

⑩ RH：高速（高速 Pr4 ＝45Hz）

⑪ RM：中速（中速 Pr5＝35Hz）

⑫ RL：低速（低速 Pr6＝25Hz）

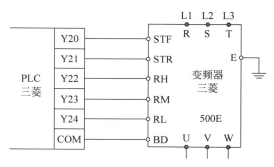

图 7-52　PLC 与变频器连接

7.6　电机模块

机电一体化供料盘与传输带模块动力部分主要由各电机承担。

7.6.1　直流减速电机

在机电一体化设备中常用直流减速电机作为塑料盘的动力来源，电机两个接线端子接入直流 24V 电源，电机正反转的切换取决于直流电正负极的切换。其外形与参数如图 7-53 所示。

转速	6r/min
额定电压	24V±10
空载电流	≤60mA
负载电流	≤300mA

图 7-53　直流减速电机

7.6.2　交流减速电机

交流减速电机为传送带提供动力，外接380V的三相电源，同时配合变频器模块，控制其速度、正反转、加减速等操作。交流减速电机外形及技术参数如图7-54所示。

转速	13～16r/min
额定电压	380V
额定电流	0.18/0.15A
额定功率	25W
额定频率	50/60Hz

图7-54　交流减速电机

7.7　硬件调试

（1）电感式接近开关、光电传感器、光纤传感器。

完成接线检查无误后可通电，用工件来检测进行调试。

① 电感式接近开关用金属工件检测，工件与传感器的距离不能大于传感器感应距离；

② 光电传感器用各种工件都可检测，其检测距离也较远，可通过调节光电传感器后端的旋钮检测灵敏度；

③ 光纤传感器的调试要根据项目要求进行，如图7-55所示。

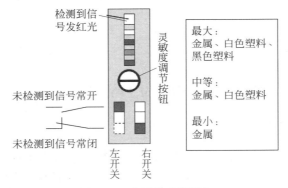

图7-55　光纤传感器调节

置左边的"模式设定开关"位于上部（未有检测信号时触点为常开）；置右边的开关位于上部（OFF）；用旋钮调节灵敏度，检测到信号时，传感器信号灯排的最上方红色指示灯发光。

- 检测金属工件、白色塑料工件、黑色塑料工件：将灵敏度调到最高；
- 检测金属工件、白色塑料工件：将灵敏度调到中等；
- 检测金属工件：将灵敏度调到最小。

（2）磁性开关。

完成接线，检查无误后，可通电检测。用手轻轻拉出和推回气缸活塞杆，观察磁性开关的信号灯是否会在活塞杆到位后发光。由于磁性开关过载能力差,因此不能直接连接到DC24V电源上。

（3）电磁阀。

电磁阀线圈可直接接在 DC24V 上检测。若极性接反了也能动作,但 LED 不亮。

（4）气缸。

通气后,观察气压表压强,正常工作压强在 0.6～0.8MPa。连接好气路后,用电磁阀的手动按钮检测气缸活塞杆的运行方向。

（5）其他。

按钮与开关触点用万用表电阻挡检测,电源电压用万用表电压挡（500V 挡）检测。

7.8 案例演示

设备组装图如图 7-56 所示。机械手在进料口上方,悬臂缩回,手臂上升到位,机械手爪张开。若不在初始位则无法启动。要求在送料盘存放金属、白色塑料和黑色塑料若干,按下启动按钮,送料盘电机开始转动,若位置 D 处传感器检测到有物料,则机械手左转,悬臂伸出,手臂下降,手爪夹紧,手臂上升,悬臂缩回,机械手右转,悬臂伸出,手臂下降,手爪松开,将抓取物料放入进料口。机械手复位,皮带输送机开始运行。将黑色塑料送入出料斜槽Ⅰ,金属送入出料斜槽Ⅱ,白色塑料送入出料斜槽Ⅲ。

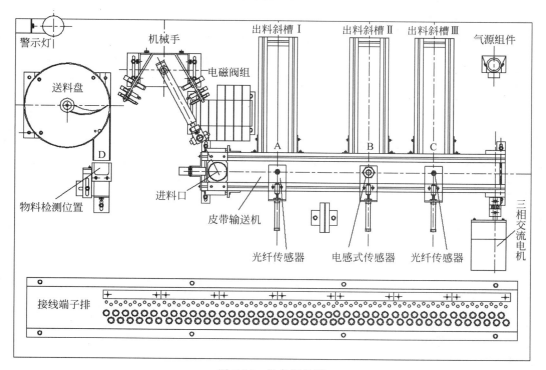

图 7-56　设备组装图